U0454276

全新
修订版

为什么你容易
焦虑、不安、恐慌和被激怒？

[美]马克·舍恩 [美]克里斯汀·洛贝格——著
（Marc Schoen） （Kristin Loberg）

蒋宗强——译

你的生存本能
正在杀死你

YOUR

SURVIVAL

INSTINCT

IS

KILLING

YOU

中信出版集团 · 北京

图书在版编目（CIP）数据

你的生存本能正在杀死你：为什么你容易焦虑、不
安、恐慌和被激怒？ /（美）马克·舍恩，（美）克里斯
汀·洛贝格著；蒋宗强译. -- 2 版. -- 北京：中信出
版社，2018.1（2024.12重印）
　　书名原文：Your Survival Instinct Is Killing
You: Retrain Your Brain to Conquer Fear and Build
Resilience
　　ISBN 978-7-5086-8361-4

　　I. ①你… 　II. ①马…②克…③蒋… 　III. ①情绪 −
自我控制 − 通俗读物 　IV. ①B842.6-49

　　中国版本图书馆CIP数据核字（2017）第285859号

Your Survival Instinct Is Killing You by Marc Schoen
Copyright © 2013 by Marc Schoen
All rights reserved including the right of reproduction in whole or in part in any form.
This edition published by arrangement with Hudson Street Press, a member of Penguin Group (USA)
Simplified Chinese translation copyright © 2018 by CITIC Press Corporation
本书仅限中国大陆地区发行销售

你的生存本能正在杀死你——为什么你容易焦虑、不安、恐慌和被激怒？

著　　者：[美]马克·舍恩　[美]克里斯汀·洛贝格
译　　者：蒋宗强
出版发行：中信出版集团股份有限公司
　　　　　（北京市朝阳区东三环北路27号嘉铭中心　邮编　100020）
承 印 者：嘉业印刷（天津）有限公司

开　　本：880mm×1230mm　1/32　　　　印　　张：8.75　　　字　　数：177 千字
版　　次：2018 年 1 月第 2 版　　　　　　印　　次：2024 年12月第17次印刷
京权图字：01-2013-7142
书　　号：ISBN 978-7-5086-8361-4
定　　价：45.00 元

本书所获赞誉

本书系Oprah.com推荐的最佳自助读物

舍恩博士结合患者的真实故事阐述了心身之间密不可分的关系，他做得非常好。通过他深刻的洞察力，读者能够更好地理解我们在生活中应对挑战的方式会诱发一些非常严重的健康问题。读者还能够从中学到一些宝贵的手段，用来应对错综复杂的医学问题。

——史蒂文·塔恩（Steven Tan），医学博士，加州大学洛杉矶分校临床医学教授

在一个物质享受越来越多的世界中，我们的急躁、不适、焦虑和抑郁也越来越严重。世界为我们提供了联络工具，却导致了一个悖论，即我们在技术上与外界建立了超强的联络，却日益疏远了我们的内心世界。如果我们不停地处理邮件和信息，如果我们的事情永远做不完，那么长期处于这种焦虑状态会产生什么影响呢？在这本书中，舍恩博士揭示了战逃反应对生活的影响，详细阐释了生活方式对我们健康的影响。幸运的是，舍恩博士还提供了一些非常深刻的见解和实用的方法，帮助我们应对21世纪的各种压力。对于那些疲于应对现代生活、想在为时未晚之际找到解决办法的人而言，这本书着实是一本必读之书。其实，每个人都应该读一读。太令人惊奇了！我爱这本书！

——帕特里夏·菲茨杰拉德（Patricia Fitzgerald），医学博士，圣·莫妮卡健康中心针灸和东方医学医生；《排毒之策》（*The Detox Solution*）一书作者；《赫芬顿邮报》（*Huffington Post*）编辑

很有说服力。对心身联系感兴趣的读者们会发现这本书中的健康改善指南非常有说服力。舍恩非常好地阐释了复杂的心身医学。

——《今日美国》

这本书可以教你重新训练大脑，使其永远不再将不适同迫在眉睫的危险等同起来，从而帮助你在不可避免的艰辛中达到放松的状态。

——《华尔街日报》

舍恩提供了一些练习和技巧，驯服了焦虑这头怪兽，消除了它引起的危害。读过此书，身心放松即可实现。

——《成功》杂志

这是一本非常有用的新书。很多企业家都饱受非理性恐惧的困扰。如果你也是这样，那么这本书就是为你而写的。

——《福布斯》

通过这本书，你将了解到自己有能力改变之前觉得无力控制的生活领域，无论是变老的方式、应对压力情形的方式，还是睡前需要吃一个冰激凌。这本书可以改善你生活的各个领域，从心灵到身体再到精神。

——Examiner.com

不适训练能够帮助人们克服恐惧，做出更好的决策，无疑也会大大地改善我们的工作效率、业绩和健康。训练你的大脑，提升决策能力。

——《投资者商业日报》

这本书可以改善你的世界观。

——《科学的美国人》

这本书理论少，而实用性的技巧多。利用一个技巧，我可以在一分钟之内就把心跳每分钟减少 6~8 下。你需要更好地管理不适与压力，以便能够实现更佳的业绩吗？那就读读这本书吧！

——《Inc.》杂志

如果你发现自己和员工在压力状态下表现不佳或者对一些看似无害的情形做出过激反应，那么你的生存本能可能过于敏感了。这本书包含一些实用的练习，可以帮你重新调整、训练你的大脑应对不适的方式……对于今天同时处理多重任务、异常忙碌的企业家而言，这本书是必读之物。

——《小企业趋势》（*Small Business Trends*）

一定不能错过这本书，它包含很多实用的策略和想法，将教你如何驯服过于敏感的生存本能以及成功地管理不适。你将了解到不适管理是 21 世纪最重要的技能。

——帕特·加拉甘（Pat Galagan），美国培训与发展协会

这是一本非常优秀的、令人深思的著作。我推荐我的听众读一读。

——安娜·法莫瑞（Anna Farmery），The Engaging Brand 网站创始人

舍恩博士认真研究了不适、失望、焦虑和急躁等严重影响我们生活质量，而科学与医学却无法解释的问题。他巧妙地把大脑研究成果和日常应对策略糅合在了一起。读者将能发现一些新方法去理解并利用心灵与身体的联系，从而舒缓自己的压力。

——萨拉·拉茨（Sara Latz），法学博士、医学博士，加州大学洛杉矶分校塞莫尔神经学与人类行为学学院临床医学教授

成功的要素是老生常谈了，比如勤奋、聪明以及管理好你的恐惧等。舍恩博士为我们揭示了管理恐惧和不适的本质。对于任何一个已经创业或考虑创业的人而言，这本书都是必读的。如果你想决胜人生，这本书将助你一臂之力。

——罗宾·理查兹（Robin Richards），威望迪网络美国分公司首席执行官；MP3.com公司的创始人、总裁、首席运营官和董事；Interships.com网站的董事长兼首席执行官；《Inc.》杂志2007年"年度企业家奖"得主

舍恩博士是一位经验丰富的催眠治疗专家。这本书非常有启发意义，能帮助你克服压力，促进身体康复。他教你如何养成积极的习惯，如何创造更强大、更成功的人生。

——朱迪丝·奥尔洛夫（Judith Orloff），作家，著有多本畅销书，加州大学洛杉矶分校大卫·格芬医学院的临床助理教授

献给我的父亲和母亲，

感谢他们给予我的关爱和信任。

还要献给我所有的病人，

感谢他们这么多年来允许我为其提供服务，与他们一同学习、成长。

生存下来的物种并不是最强壮的，

也不是最聪明的，而是最能适应变化的。

——查尔斯·达尔文

目录 Your Survival
Instinct Is Killing You

第一部分 ‖‖‖‖‖‖‖

不适的本质

第1章　21世纪的生存者——将不适转变为能量的新范式 … 3

第2章　舒适悖论——舒适世界中的不适 … 19

第3章　平衡之道——平和与灾难的微妙平衡 … 41

第4章　生存本能的位置——恐慌心理的生物学根源 … 67

第5章　坏习惯的形成——迷恋阶段、强迫阶段和上瘾阶段 … 85

第6章　条件反射和习惯的起源 … 99

第7章　心理外化——物质享受的负面作用 … 127

第二部分 ▌▌▌▌▌▌▌▌
生存的本质

第8章　管理你的舒适区——15 个简单的策略帮助你保持沉着冷静... 153

第9章　如何变"不适"为"舒适"——顽固的生存本能... 183

第10章　生存本能的作用——压力下的决策艺术与表现... 219

结论... 253

致谢... 267

第一部分

不适的本质

Your Survival
Instinct Is Killing You

21世纪的生存者——将不适转变为能量的新范式

你是否曾经停下匆忙的脚步,去惊叹人体是何等奇妙呢?

就在刚刚过去的那一秒之内,你身体里的细胞已经完成了数万亿次的活动,而且这些活动根本不需要你的指挥。与此同时,每一个人体细胞都会得到适当的营养补充,为它继续活动提供支撑。你根本不需要有意识地去做任何事情。的确,我们的心理和身体竟然能够维系我们的生命和现状,这太不可思议了。但如果现状再也无法为我们的健康和行为提供有效支撑,会发生什么情况呢?

我们以一位顽固性呃逆患者为例。在职业生涯的早期,我曾经在一家医院做心理医生,这家医院收治了一位60岁的顽固性呃逆患

者。虽然当时我的专长是催眠，而且我也明白催眠对于很多医学疾病具有良好的治疗作用，但我的工作仍然被医院划归到了传统的心理学领域，医院只允许我治疗一些患有传统心理疾病的患者，比如抑郁症患者、有自杀倾向的患者、精神分裂症患者或多重人格障碍症患者。医院不让我在医疗科室间走来走去。突然有一天，在我浑然不觉的情况下，一场与这个病人有关的战役降临到了我的头上。他的名字是迈克尔，患顽固性呃逆两年多，病情已经变得十分严重，以至于呃逆时会引发癫痫。那个医院的医生使尽了浑身解数也没有治好他，到最后，他们甚至想给这个病人做开颅手术（也就是打开他的大脑），然后切断一根神经，以实现中断呃逆反射的目标。结果可想而知，病人的家属对这个方案根本不满意，他们便迫不及待地寻找其他解决方案。

这位病人的一个孩子了解到之前有记载说催眠能治这个病，而且经过一番调查，他了解到我是这个医院里唯一能施行催眠术的工作人员。然后，病人家属就跟主治医师商量，看看是否能让我参与会诊，用催眠术为其父亲治疗疾病，但遭到了主治医师的断然拒绝，病人家属并没有气馁，而是向更多的医生和医院管理者提出了这个问题，结果仍然吃了闭门羹。院方的理由是催眠术不符合科学原理，不具备医学上的必要性，而且没有经过实践的检验。但由于他们坚持不懈地提出这个请求，医院方面最终还是默许了，批准我参与会诊。

当时我只有 29 岁，属于医院最年轻的一批工作人员，因此，听到这个消息时，我很激动，因为我终于有机会运用我的技术为病人治疗超出精神病学领域的疾病了。我当时根本不知道在我受邀参与诊治之前病人的家属已经提出了那么多次请求，而且都吃了闭门羹。我走进迈克尔的私人病房时不禁大吃一惊，因为病房的墙边上站满了人，有病人家属，也有医生和医院管理人员。显然，我和我的工作当时是在经历一次"考验"，因为那些医生和医院管理人员都没有认识到催眠术的意义，因此很不支持我，对我的态度也不友好，他们或许觉得我会像江湖郎中那样开展某个类似于魔术的治疗程序。病房里弥漫着一种非常明显的紧张气氛，我希望自己这一次千万不要产生焦虑情绪。

我走到病人旁边，开始和他对话。他几乎每隔 15 到 20 秒就呃逆一次。更糟糕的是，他的英语很蹩脚，一点也不流畅。我记得我当时心里是这么想的："太好了，我终于要时来运转了，但这个人却可能无法与我沟通，无法理解我说的话。这么一大屋子的人都等着看我失败，难道世界上还有什么事情比这次考验更富有挑战性吗？"很快，我开始了诊疗，同病人进行了艰难的对话。我很快了解到他来自芬兰北部地区。同他握手时，我发现他的手很凉，我同他开玩笑，说他可能觉得这个病房很熟悉，因为他有过一段在寒冷气候下生活的经历。他微微地笑了笑，然后我注意到当我提到"冷"的时候，他的呃逆短暂地停了下来。我不知道这两件事之间是否有联系，于是决定围绕着这一联系进行深入的探究。

我开始更加深入地和他聊"冷"这个话题，同时把催眠术派上了

用场，略微放慢了自己说话的速度。他呃逆的频率越来越低了。我想我可以帮助他再体验一下生理上的刺激。由于看到了希望，我受到了莫大的鼓舞，便继续和他聊关于"冷"的话题。我聊到了雪，聊到那种非常非常冷的感觉，甚至冷到失去知觉，冷到我们什么都不想做，就想停下来好好休息一下。结果，不到 10 分钟，迈克尔的呃逆居然彻底消失了，而且再也没有复发过。当我离开病房的时候，所有人，包括我在内，都惊呆了，因为一种原本打算通过脑外科手术进行治疗的疾病，居然只用了大约 10 分钟的谈话就解决了。那一年是 1983 年，心身医学刚刚开始获得认可，后来渐渐得到了整个传统医学界的认可。

有时候，就是需要这样一个戏剧性的事件才能改变人们在生物学领域的陈旧观念，才能让人们从一个全新的视角去观察人体的运作方式，才能利用简单的心身医学技巧帮助身体摆脱循环往复的疾病或机能失调。我不仅利用催眠术帮助迈克尔的身体状况实现了永久性的转变，而且发现这个技术可以应用的领域更为广泛。我帮助迈克尔消除呃逆这件事让我清楚地看到，人体是多么容易陷入恶性循环而难以自拔，以至于习惯性地按照某一种固定的方式做出重复的反应，仿佛循环播放同一段音乐的坏唱片一般。通过引导人体体验新的刺激，你能帮助它形成全新的、正常的神经网络，这样人体就能找到一条恢复健康的道路。

当年由于技术条件的限制，我们无法开展深入的研究，但现在得益于科技水平的提升，人们进行了大量脑科学的研究，发现如果让人体体验了新的刺激，产生了应激反应，就能在大脑中创造新的"脑路图"，这就像改变了食谱中的一种原料，就能产生不同的效果一样。当年我是用催眠术诱发迈克尔的机体产生应激反应的，但在之后的30年里，我了解到可以用更加简单、更加实用的方法实现同样的目标。当然，要确定哪一种方法才是最佳的，诀窍就在于确定哪一种方法最有利于让大脑和身体接受外界的新知识，只有接受了这些新知识，人的机体才能产生应激反应，才能打破原有的应激源，形成新的"脑路图"，让机体恢复正常运作。

自从在那家一流的医院内消除了迈克尔的呃逆之后，我的职业生涯就迎来了转折点。医院再也不以治疗方式"非传统"为由限制我和其他做心理医生的同事进入医院的医疗科室。我开始有权利用心身医学的技巧帮助病人祛除疾病，而且可以在全院范围内施行催眠术。事实上，不久之后，我就在那家医院创建了精神免疫科室，并担任主任一职。所谓精神免疫，就是通过培养良好情绪来提高机体免疫力的一种手段。这个项目在整个美国开了先河，之后开始为住院医生和其他医护人员开展培训工作，培训的内容就是疾病中的精神动力学，或者说心理因素对机体健康的影响。

那么究竟是什么因素导致迈克尔罹患无休无止的呃逆呢？事实上，很多长期的症状最初可能都是在患者无意识的状态下形成的，结果直到反复发作才引起重视，比如，一次感冒就可以导致长期的咳嗽，一次胃痛就可能导致你对生病之前吃的某种食物产生长期的厌恶

感，一次运动创伤在愈合后就可能会继续引发疼痛，而你却无法从病理学上找到原因。当这些症状的初始诱发因素消失之后，这些症状随时有可能被新的"火花"点燃。对很多人来说，这个"火花"是由我下面要讲的"不适程度提高"引起的，当你感到不适的时候，你的身心就会形成一种新的神经网络，正是这种网络不断地触发你的身心产生应激反应，从而导致上述症状反复出现。令人惊讶的是，这种不适感是逐渐加强的，在形成"火花"之前，不会引起人类神经的察觉。

迈克尔的情况就是这样。在连续好几年的时间里，他的不适感一直没有得到妥善管理，以至于到最后发现自己出现了顽固性呃逆，甚至还面临着开颅手术的风险。后来，我了解到，在患上这个病之前，他在生活中曾经遭受过重大损失。对一些人而言，恼怒或恐惧可能会引起呃逆，但症状很快就会消失。而在迈克尔的案例中，症状并没有很快消失，他的恼怒变成了一个不断强化的诱发因素，形成了一种大脑模式，最终导致顽固性呃逆日益严重，以至于诱发了癫痫。

我曾经帮助过数千名患者，他们的健康、幸福和决策能力遭到了不适和恐惧的损害，导致他们的行为模式效率低下，不尽如人意。我还帮助过很多慢性偏头痛和头痛症患者，当他们暴露在有日光灯或空调的环境中时，或者当别人给他们设定了最后期限，在这个期限内必须完成某件事情时，他们的头部就会出现痛感。我教他们学会了如何避免这些诱发因素对身体产生影响。我还帮助很多人解决了情景诱发型的痛苦，比如高速公路、立交桥、封闭的电梯或人头攒动的闷热房间诱发的痛苦。根据我的经验，最常见的一个问题就是所谓的"放松效应"①。当人们度完假，或者在最后期限之前完成某项工作之后，往往会出现身体不适或生病的情况。我还曾经帮助过一位时间紧张的首席执行官，在大多数时间内他的状态都还好，但每当顶着压力做决定时，他就会变得烦躁不安。这些现象之间的因果关系看似简单随意，但实际情况并非如此，它们是人体的神经系统动态的体现，能够对人体的健康水平与衰老过程产生深远的影响。对于这一复杂的过程，现代医学已经能够做出非常清楚的解释了。

机体的生存本能：因为过于敏感而容易出错

大多数人都主观地认为像我这样的临床心理医生只是解决情绪问题和精神疾病，其实这种想法是错误的，与事实相去甚远。由于人体内部及外部的很多因素都会触发一些长期性的健康问题，或者其他一些令人苦恼的、久治不愈的疾病，所以，我今天的大部分工作都是教人们如何调整自己的身心状态，弱化或消除这些因素对自己的不利影响。前文提到的呃逆与很多疾病相比只能算是小问题，这些疾病甚至会导致机体细胞信号传导偏离正常的通路。事实上，严重呃逆这个典

---

① 所谓放松效应，指的是机体处在高度压力之下时，肾上腺会释放出皮质类固醇，帮助充分调动机体的防御功能，使免疫系统抗感染、抗病毒能力大大提高。而当人身心一下子放松时，因机体不再处于高度警惕状态，免疫系统开始削弱，这时人体极易受到疾病的攻击而无法进行有效的防御。于是就会出现腿沉、疲劳、头胀、焦虑、咽喉痛、心跳与呼吸加速等症状。——译者注

型案例折射了今天数百万人面临的健康难题，包括失眠、压力环境下的决策能力薄弱、肥胖症、慢性疼痛、关节炎、焦虑症、抑郁症、头痛、长期疲劳、恐慌性焦虑障碍症、过敏症、肠易激综合征和其他胃肠道问题，也包括粉刺、痤疮、湿疹等皮肤病。的确，我的工作内容可能不同于常规意义上的医生，但正如我们所有人都能看到的那样，罹患这些慢性病的人越来越多，在这些情况下，心理医生或许能发挥更大的作用。

从表面上看，这些问题可能完全不同，但它们往往有一个共同的诱因，即人类容易出错的生存本能。对于这一点，人们几乎没有注意到，也很少有人能理解。在很多情况下，疾病的发展过程和不良的行为模式不只是纯粹植根在机体内，还受到大脑边缘系统的影响。所谓大脑边缘系统，是指高等脊椎动物中枢神经系统中由古皮质、旧皮质演化成的大脑组织以及和这些组织有密切联系的神经结构和核团的总称，它在很大程度上影响着我们的情绪、睡眠、学习和记忆等活动，影响着我们对外界因素的反应，从而也影响到我们的行为、健康与幸福。我在帮助病人的过程中，就是试图影响这个系统，刺激它形成一种新的神经通路，最终引导机体的神经信息传递通路偏离容易引发疾病和错误的通路，形成一种能够给人们带来健康、带来高效行为模式的新通路。

满足生存本能

我将会向你展示我们人类最基本的生存本能引发疾病或者延长、加重疾病的过程。或许有些旷日持久的本能般的行为模式正在破坏你的生活，降低了你的生活品质，但是，通过学习如何控制生存本能这一至关重要的致病机制，你就能学会我的治疗方法，可以在一个相对较短的时间内控制疾病，改变固有的行为模式，在某些情况下甚至可以杜绝疾病，而且通常不需要服用任何药物。正如我快速高效地让迈克尔摆脱危险的顽固性呃逆一样，你也可以让自己摆脱很多疾病和陋习的困扰。我会教你怎么做，这些方法都是我在帮助数千名患者的过程中总结提炼出来的，我将在这本实用的书里进行逐一描述。

从根本上讲，本书旨在探索人类生存本能对我们产生的重要影响，为你介绍一些实用方法，使你从中受益，改善自己的健康状况。即使你没有罹患慢性疾病，本书也将有助于你学会如何以健康的方式去应对外部的世界。学会了这些方法，你就不会在健康问题上感觉无能为力了，因为你将能改善自己的身体健康状况。此外，你还能在本书中学会如何从恐惧感和挫败感中把自己解放出来，从而在工作和家庭生活中展现出自己的最佳状态。请想象一下，如果你的生活中多一些平和、少一些挣扎，那将会多么美好啊！我祝愿你能达到那种境界，其实，那种境界与你的距离比你想象的要近得多。

我猜测你从来没有经历过像迈克尔那样严重的呃逆，但作为人类

的一员，你肯定有过一些自己不喜欢的行为方式或症状。或许你患有失眠症，连续多年无法体验到良好的睡眠；或许你是一个时间紧迫的执行官，试图在压力下做出成功的商业决策；或许你因为无法停止暴饮暴食而在减肥问题上苦苦挣扎；或许你十分讨厌经常生病和疲惫的状态，所以在不断地寻求精力旺盛、平和幸福的状态。

本书论述的核心内容是我们忍耐不适的能力和我们与生俱来的生存本能之间的联系，这种联系对我们的神经网络产生了很大的影响。最新的科学进展表明，那些在瞬间完成的生存反应能够产生深远的影响，影响着我们的身体健康状态、行为模式、自我表现方式、逆境处理模式、决策模式以及老化过程。在生存本能的主导下，我们的机体细胞及其内部的生物化学过程可能会导致我们陷入一些不良的行为模式，从而对我们今后的健康产生毁灭性的影响。

此刻，你的生存本能正在你体内发挥着作用。它是机体的一个组成部分，就像一个事先编制的固定程序一样，自发地控制着你，当你需要自救的时候，它告诉你应该采取哪些行为，比如，当一栋建筑物失火的时候，它会控制着你尽快跑出去。你很少需要用到这一部分，因为你很少会发现自己处于真正危及生命的情形之中。但由于我每天都会接触到很多饱受慢性疾病困扰的患者，所以每天都能见识到这种本能的作用。减肥者不能停止暴饮暴食、失眠者不能获得高效的睡眠、执行官在筹备大型会议时无法抑制恐慌情绪、曾经受到心灵伤害的人无法再度敞开心扉去迎接爱情等，都和人类的生存本能有关。上述这些情况下有害的、毁灭性行为的背后，都是这些患者们过于敏感的生存本能发挥了不必要的作用，只要出现一点不适因素，这些生存本能就会受到刺激，从而带来不必要的伤害。一旦生存本能控制了机体，就会导致多种健康问题和疾病，削弱人的决策能力和注意力，而人们有可能对此浑然不觉。

我觉得自己必须写这本书，因为我发现在主流的医学体系下，人们无法全面了解大脑边缘系统，而生存本能对大脑边缘系统起着主导作用。即便今天，我们的生存本能也没有得到应有的关注。作为一名职业心理医生，作为加州大学洛杉矶分校医学院的临床助理教授，我有必要写这本书来完善人们对大脑边缘系统的认知。很多时候，虽然有些科学数据能清楚地表明我们的生存本能导致了健康状况下滑、慢性病以及老化速度加快等问题，但这些数据依然遭到了严重忽视。我是最早涉足心身医学、把心身医学引入医学领域的科学家之一。在过去 30 年里，我率先探索了一些心身医学疗法，研究了人的心理对身体健康状况的影响，并阐明了如何利用催眠术等心身医学疗法来干预机体对外界因素的反应（包括一些炎性反应）。我在 25 年前就开始培训医学院学生、医院实习生及住院医生等医学同行，向他们介绍心理如何影响疾病的发展过程和机体的健康水平。

今天，我仍然一边开展研究，一边培训医学学生、住院医生和心身医学方面的医生。我帮助数百名病人控制或消除了疾病，这些病人既有职业运动员，也有深居简出的家长，他们遭遇的问题包括巨大的

压力、每天都会发作的头痛、连续性的感冒、令人尴尬的皮肤病、暴饮暴食、扰乱生活的恐慌感、慢性疼痛以及关节炎等。但我知道，仅仅依靠我自身及各个社区的努力，我能够接触到的患者范围以及可以发挥的作用都是非常有限的。我希望这本书能让更多的人受益，并为他们实现自身健康状况的持久转变提供一个途径。所以，如果你和数百万人一样遭受着传统医学无法根除的慢性症状或健康挑战，我希望这本书最终能帮你找到有效纾缓的途径。通过这本书，你可以思考一下如何应对自己在生活中遭遇的不适因素，分析一下那些令你不适的因素如何刺激你那与生俱来的生存本能，以及如何通过生活方式上的微小改变来实现最大程度的健康与幸福。

"不适阈值"越来越低

我发现了一个令人奇怪的现象，即虽然科学技术的进步已经极大地提高了我们的生活舒适程度，但生存本能对我们生活与文化的影响却无处不在，似乎达到了有史以来最严重的程度。我们对不适因素的忍耐能力非但没有提升，反而一再下降，进而导致我们的"不适阈值"越来越低，导致我们越来越容易受到原始的本能反应的影响，这些原始的本能反应可能延长疾病和机能失调的持续时间。

幸运的是，我们并非只能无可奈何地听从生存本能的摆布。相反，我们可以采取很多措施来重新设定这个门槛。虽然在原始本能的指引下，不适的环境甚至不适的预期都会促使我们选择逃离，但我们可以通过一些措施来改变自我，进而提升自己的生存本能对外界不适因素的忍耐能力，从而为我们营造更大程度的安全感。我们几乎不可能完全避免不适情形，因为这是人类生活经历的必要组成部分。具有讽刺意味的是，在这本书中，你将了解到，你的总体舒适程度往往取决于你对不适的忍耐能力。你可以让自己的生存本能变得更加坚强以便成功地管理让自己感到不适的情形，防止生存本能对外界刺激因素做出过度的反应。

本书涵盖的主题非常广泛，无论你是罹患慢性疼痛，被压力折磨得痛苦不堪，还是无法自控地在深夜吃饼干，你都能从本书中找到与你相关、对你有用的信息。我将帮你从全新的视角去看待健康问题，并放弃一些传统的观念。我还将回答一系列你可能从来没有想到的问题，比如：

• 如果自己无法克制地一遍遍检查电子邮件和信息，会损害我们的健康吗？

• 紧张忙碌之后的突然放松会损害我们的健康吗？

• 目前，暴饮暴食和滥用药物的情况十分普遍，给人们带来了诸多挑战，其主要原因是生存本能在起作用吗？

• 失眠症、恐慌性焦虑症、慢性疼痛等疾病越来越多，这是生存本能导致的吗？

• 我们的健康与幸福最终是由追求安全感的内在需求决定的吗？

所有这些问题的答案都是肯定的。我将在本书中做出明确的解释。许多病人向我求助之前，都长期患有自闭症与恐惧症，或者长期服用药物而疗效甚微，无力控制自己的健康状况，不断遭受病情的折磨。然而，通过我的帮助，他们可以学到一些有效的方法来控制自己的病情。他们学会了如何驯服他们的生存本能，没有让生存本能妨碍自己在生活中发挥出最大的潜能。我希望你也能利用我在这本书中描述的方法恢复健康。

与其他书籍相反的是，本书针对的不是某一个具体的问题，比如肥胖症或失眠症，而是论述过度敏感的生存本能可能引发的一系列问题。本书重点论述多种疾病共有的根源，而不是逐一去论述这个根源引起的无数个具体的问题。因此，本书将逐章展开，先广泛地讨论不适情形及其根源，同时讨论不适情形与生存本能之间的关系。之后，你就可以从行为模式与人体生化反应的角度去了解现代生活中的艰苦因素对你的影响。

本书讨论的内容绝不是武断的。为了让那些具有怀疑精神和科学思维的读者感到满意，我在论述过程中将拿出充分的证据来佐证自己的观点。近些年来，越来越多的证据表明当代文化日益改变着我们的心理状态，最终改变了我们大脑中那个最古老、最原始的区域，从而影响着我们的健康与幸福。比如，在现代社会中，我们过于在意外部世界，日益依赖强大的科技来紧跟时代潮流，日益希望自己的需求能够立即得到满足，当我们把这些趋势放在一起去考虑，就会给我们的生活带来强大的冲击，使我们的生存本能产生应激反应，把我们逼出固有的心理舒适区，使我们感觉不舒适。所以，我们在当前这个世界中获得的安全感就不如以前那么高了。我们内在的生存本能最清楚这是为什么。

有的读者可能不在意这些现象背后的科学原理，但你们仍然可以从本书中发现大量有趣的故事和实用的策略，可以应用到你的生活中，让你在不知不觉中学到很多知识。仅仅对"生存本能"这个概念有一个总体上的理解，就足以对你的生活产生持久而深刻的积极影响。

在本书中，我首先为你讲述了机体的生存本能被唤醒之后导致的一系列应激反应，之后展示了如何重新训练、重新塑造这种本能。不要惊慌，我不会给你提出一些疯狂的建议，比如下次感到焦虑和急躁时去看神经外科医生或者自言自语地大声说"事情终将会好起来的"。我提出的方法和技巧都比较实用，掌握起来比你想象得要容易，任何人都可以做得到，而且几乎可以用于解决任何由过度敏感的生存本能引发的问题，比如恐惧症、心理压力、健康问题，再比如周末无法停下手头的工作来放松自己，无法自控地去回复电子邮件。我想，当我们一起探讨本书众多有趣的案例时，你肯定能够从中发现自己的身影，并找到一些新颖的解决方案，从而给自己的生活带来有益的改变。

显然，我们无法阻止时间的流逝与社会的进步，但我们可以学会

如何以有利于健康的方式去应对大多数环境，并控制住我们的生存本能。事实上，适应能力一直是人类的一个重要标志。在 21 世纪，我们生活的方方面面必然会发生变革，所以，我们必须学会走出自己的心理舒适区，在舒适感较低的情况下实现成功。谁能掌握好这一新的生存技能，谁就最有可能游刃有余地应对社交、工作、健康等方面的问题。简单地说，你将能够学会如何把不适转化为力量。通过学习如何利用不适，你就能改善生活品质，提高决策能力，对生活产生持久的影响。请在本书的指导下培养一些新技能吧，这样一来，安定、健康、成功的未来就与你近在咫尺了。所以，从本质上讲，本书是现代生存指南。

第2章

舒适悖论——舒适世界中的不适

几年前，我接到过一个电话，是我原来帮助过的一位患者打来的，他叫詹姆斯，当时我们20年都没有见过面了。他最初因为准备加利福尼亚州和路易斯安那州的律师资格考试而承受了很大的压力，后来向我寻求压力管理办法。不久之后，他通过了测试，并搬到了新奥尔良定居，从事律师职业。这些年来，我帮助过的很多病人回到洛杉矶时都会来看看我，聊聊他们的近况，詹姆斯也是如此。他还就家人的健康问题征求了我的建议。

詹姆斯是在农村环境中长大的，而城市总是熙熙攘攘的，夜生活也很丰富，所以，我很好奇他是如何调整自我来适应城市生活的。从

表面上看，他过上了梦寐以求的生活。但当我问起他的城市生活体验时，他却告诉我说他没有觉得城市生活好到哪里去。

后来在谈话中詹姆斯开始打哈欠，然后抚摸他的额头。我问他感觉是否还好。他说他前一晚没有睡好，醒了之后头就开始疼。接下来我们的谈话氛围出现了转变，从久别重逢的闲聊变成了较为严肃的对话。我问他一般情况下睡眠质量如何以及头痛的发作频率。对于我突然关心地问起他的健康状况，詹姆斯似乎很惊讶。

詹姆斯说："我觉得一般情况下睡眠都挺好，但是昨晚我不得不服用安眠药。"

然后，我问他多久服用一次安眠药以及服用多久了。他以平淡的语气实事求是地说："哦，安眠药是去年开始用的，当时我头疼得厉害。"

我问道："你的病找内科医生看了吗？"

他回答说："嗯，看了，安眠药就是那个医生给开的。"

我了解到的情况是，他的医生诊断出他患有"丛集性头痛"，觉得他的神经焦虑和睡眠不佳很可能是问题的根源，便给他开了劳拉西泮这种药来治疗他的神经焦虑症和失眠症，同时给他开了含有可待因成分的巴比妥类药物，以此帮他缓解头痛。詹姆斯本人并不是很喜欢这个疗法，但他仍然按时服药。当我深入询问他的作息习惯时，他告诉我他经常一想到要去睡觉就出现焦虑的情况，因为他担心无法入睡，而如果无法入睡肯定会引起头疼。于是，不久之后，他的生活就离不开安眠药了。他还告诉我，以前通常是先等一等，看看能否入睡，如果不能的话再服用安眠药，但现在根本不等了，每天晚上睡前他都会直接服用安眠药。

我问道："治头疼的药呢？多久吃一次？"

他说："只要一出现头疼的迹象，我就立即吃，以免变得更严重。如果我不舒服，可能会在早饭后就服用，有时候也会在睡觉前服用。"听他这么讲，似乎他觉得药可以随便吃，不是什么大不了的事。

詹姆斯现在服用头痛类药物也很随意了。如同服用安眠药那样，现在只要一出现头疼的迹象，他就开始服用头痛药。因为他把压力视为罪魁祸首，所以他白天也会吃劳拉西泮，尤其是在重要会议开始之前。现在，他把吃药作为预防恐惧和疾病的手段，根本离不开药物，成了一个十足的"药罐子"。

詹姆斯肯定从我的面部表情上读出了我对他的担心。他说："我承认我也不喜欢这种状态。但我觉得这也属于正常现象，毕竟我们现在比较忙，年龄大了，肩上的责任也多了。"

詹姆斯的话并没有让我信服。我不相信他的经历是年龄增长引发的自然现象。相反，我感到非常忧虑，因为那么久没见面，他胖了不少。虽然他在我面前尽力表现出坚强的一面，但我知道有一股危险的暗流正在侵蚀着他的健康。

那天詹姆斯向我描述的绝非一个特殊情况。除了他之外，还有千千万万的人缺乏良好的睡眠习惯，也不懂得如何以有益健康的方式去应对压力和焦虑。我非常清楚，他描述的情况不仅大量存在于美

国，也存在于世界其他地区，就其影响范围而言，绝对不亚于一场流行病。在过去 10 年左右的时间里，我帮助过数以百计的患者，虽然各有各的问题，但从他们身上，我发现睡眠不佳、压力大、焦虑等现象越来越普遍。在美国当前的文化下，这些都是特别普遍的问题。从理论上讲，现在这些生活在发达国家的人比以往任何时候都更安全。我们不必像以前那么担心会死于传染病，医疗的进步把我们的平均寿命延长了几十年，犯罪率也比较低。美国在近 150 年的时间里都没有发生过内战。我们有大量的便利条件，能使用到互联网等先进技术，具有充足的食物供应，旅行成本也降低了许多，我们的生活变得更加便捷了。不过，具有讽刺意味的是，我们对不适因素的忍耐度却迅速降低。即使有些因素只能给我们带来轻微不适，我们依然会迫不及待地采取行动去缓解或终结。如果我们无法很快解决好，就会担心自己将永远无法应付，或担心出现某种非常可怕的情况。

这方面的证据比比皆是。比如，我们越来越依赖抗抑郁药、抗焦虑药、止痛药、安眠药以及治疗多动症等的药品。人与人之间感情失和的现象日益严重，结果导致我们往往在行为和情绪上对外界因素形成过度反应，比如暴饮暴食，比如"路怒症"（主要是指驾驶人因不耐烦前车或不满抢道而引起的愤怒），再比如我们都普遍感觉自己容易发脾气等，这种普遍存在的不安情绪甚至已经影响到了孩子，以至于美国现在超过四分之一的孩子都在长期服药。

想想你自己的生活。请问你是否很容易因为一些无关紧要的小事而发脾气呢？比如，当你排队时突然有人插队，或者当你必须忍受语音电话服务的一道道程序时，你是否容易发脾气呢？当你感到身体的某个部位疼痛时，你是否立刻担心这是由癌症或其他重大疾病导致的？你是否曾经一出现饥饿或不安的感觉就立刻去找吃的？你是否时而感觉到无法自控地收发邮件、查看短信，或想着永远也做不完的一堆事情，从而让自己身心俱疲，甚至到了崩溃的边缘？在这个本该令我们感觉十分舒适的世界里，我们却感到自己似乎要窒息了。虽然我们拥有琳琅满目的商品和无穷无尽的服务，本该感到快乐、舒适与安全，但我们很少满足，哪怕一丝的不适就能很快使我们感到自己的身体和精神受到了威胁。最终的结果就是，我们手忙脚乱地应付各种无法忍耐的因素，以至于更容易出现各种不适症状和疾病，更容易出现偏执综合征，人际关系更容易出现严重失调。简单地说，在一个生活条件越来越好的世界里，我们本该获得舒适、健康与快乐，但我们其实并不舒适。

在过去这么多年里，通过对一些病人的了解，通过参加各种研讨会，我发现这种现象十分普遍。见得越多，我就越想探寻其中的原因。为什么我们丧失了应对逆境的能力呢？在没有饥荒、战争、瘟疫、剑齿虎等重大威胁的情况下，我们为什么非要跟自己做斗争呢？在很多科技进步让我们的生活更便捷、更美好的情况下，我们的心理舒适区为什么遭到压缩呢？目前，根据"残疾导致的寿命损失"这个指标来衡量（Years Lost Due to Disability，世界卫生组织用这个指标

来衡量健康状况导致寿命减少的情况），即便在整个世界范围内，抑郁症都算得上导致残疾的主要因素，这的确太匪夷所思了。在美国等众多发达国家，抑郁症已成为致残和早逝的主要诱因。本来没有那么多事情令人沮丧，但为什么我们会如此沮丧呢？

看一下自己周围的人，你会发现人们的恐惧程度远远超出了20年前的程度。这就是我所说的"舒适悖论"：尽管我们的生活中令人舒适的条件唾手可得，但我们却对不适因素变得过度敏感。这种情况如此之严重，以至于即便轻微的挫折和一般的不安也能给我们带来恐惧和担忧，损害我们的身心健康。稍后你就会了解到，舒适悖论的核心问题是令人不安的外部因素。这种因素有很多种，比如荧光照明能够引发偏头痛，老板的来电可能会导致你焦虑不安甚至担惊受怕。在詹姆斯的情况下，他面临的舒适悖论就体现在：他居住的城市是世界上最迷人的城市之一，但他却担心失眠，不得不依靠服用药物来度日。他可能不会把自己形容为"不适"，但用这个词来描述他的困境却是再贴切不过了，它体现出了今天数百万人的生活状态。

我们有必要了解一个非常重要的事实，即虽然我们很想表现得好一些，很想让一切处于自己的掌控之下，希望消除一切令自己感觉不适的因素，但我们的身体往往会产生阻挠作用，因为它对外部的不适因素过度敏感，容易导致我们出错，于是，我们越来越依赖药物、医疗手段和外部干扰来"修补"我们的身体，这就像我们生活在一个顶部漏雨的房子里，不得不努力做些修修补补的工作去堵住房顶的漏洞。在我的职业生涯中，像詹姆斯这样的患者是很常见的，他们表面上看来状态挺好，但当谈到自己的身体状况、谈到每天吃的药、谈到承受的压力、谈到他们无力控制生活的感受时，他们往往会展现出一幅不同的画卷。

还有一点也是同样重要的，需要强调一下，即在大多数情况下，像詹姆斯这样的人不是故意欺骗自己或他人的。当身体或心理上出现不适症状时，人的心理、意识非常强大，可能会忽视这些迹象，把这些迹象的影响削弱到最低程度，甚至完全不受其影响。或许就是由于这个原因，我们人类才具有了如此强大的适应能力。几个世纪以来，人类已经能够适应极端的生活条件，无论是滴水成冰的阿拉斯加，还是烈日炎炎的撒哈拉大沙漠，人类都能生存下去。这种适应性强的本能无疑具有很多很大的好处。但从另一方面来讲，这个本能也有可能导致我们忽视一些正在累积的症状，这些症状到最后可能会极大地改变我们的生活，给我们的生活施加各种限制。詹姆斯的情况居然严重到了自认为没有药就无法入眠，没有抗焦虑药就无法度日的地步。虽然他可能不认为自己的生活方式受到了限制，但他对这么多药物的依赖肯定会对他施加多种限制。一些症状和身体的反应可能一直在加剧，而他却没有意识到，直到这种情况严重到了足以导致身体严重不适、让他警醒的地步，他才能意识到自己的生活陷入了困境。我认为詹姆斯的情况肯定已经持续很久了，不会是在我们见面的那一天之内形成的。然而，我告诉他说他的经历反映了整个社会的情况。他的经

历使我陷入了沉默。

美国是地球上最伟大的国家之一，可以获取世界上最好的药品和知识。虽然美国的人均医保费用高于其他任何一个国家，但就国民健康状况而言，美国非常令人尴尬地落后于其他国家。美国的可预防性死亡率排名第 14 位，预期寿命排名第 24 位，幸福指数甚至排不到前 20 位，只处于第 23 位（丹麦的幸福指数全球最高）。[①]因此，尽管让生活更轻松、更舒适的外部因素越来越多，它们却难以提高幸福指数。

在技术先进的时代，为什么肥胖、抑郁、恐慌、焦虑、失眠、自身免疫性疾病、过敏症、慢性疼痛、心脏病、肠胃病、某些癌症和疲劳等慢性病比以往任何时候都更加猖獗呢？这不是自相矛盾吗？在这些情况下，即使采取一定的治疗手段，也不能不阻止它们增多的趋势。我们是否忽略了一个重要元素呢？忽略了什么呢？

要找出这个问题的答案，就需要更加深入地理解不适因素在我们生活中发挥的作用及其对我们生存本能的影响。在 21 世纪，它将对我们的健康和生活产生重要的影响。

不适的加剧

要了解"不适"的起源及其对人类行为的潜在后果，最好的办法或许是分析一下与这个现象有关的案例，除此之外，也许没有更好的

---

① 本书英文版出版于 2013 年。在本书英文版的正文中，未提及以上排名的年份。——编者注

办法了。詹姆斯的案例清楚地表明，他的不适管理方式其实未必有利于全面恢复健康。现在，让我们仔细看看这种不适在其他方面的体现。我先从我的一个病人开始讲起。她的名字叫凯特，她折射了数百万人在减肥过程中的苦苦挣扎。

凯特来见我时正打算开始新的节食计划。她的保健医生担心她正处在糖尿病前期，所以建议她减轻体重。如同我帮助过的其他很多病人一样，她也长期存在过胖的问题，而且多次减肥都以失败而告终，这使她感到非常沮丧和痛苦。一想到会患上糖尿病，她就感到很害怕。她的医生担心如果继续按照传统的自助性质的减肥计划或者加入商业性质的减肥中心，可能仍然无法收到成效。凯特的体重是在大学时代逐渐增加的，大一那年，她 20 岁，那时的身材成为永久的回忆。现在，她自己就像一个暴饮暴食的吃饭机器，似乎已经看不到减肥的希望了。她和其他许多肥胖症患者一样，也知道什么样的碳水化合物食品是"好的"、什么样的是"坏的"，知道加工过的食品有很多坏处，也知道情绪化饮食、休闲食品和随意饮食会带来不良影响。之前，她曾经加入过减肥者协会，虽然取得过一些进展，但很快就恢复了原来的体重。凯特曾经实施过严格的锻炼计划，希望能通过锻炼来改变饮食习惯。她还尝试过在医生监督下进行减肥，吃了很多种不同的药物，来刺激新陈代谢，抑制自己的胃口，降低对高脂肪食品的食欲。可以说，就减肥努力程度而言，给凯特颁发个金牌也不为过，但她并没有让自己变得更瘦、更健康。

我在凯特讲述了她的减肥历程之后，对她提了一个简单的问题：
"你是在真正感到饥饿的时候才吃饭吗？"她坦诚地说她很少真正感
到饥饿，但她发现自己无论饿还是不饿，总是不停地吃。凯特说她已
经无法控制自己的饮食了。无论什么心情，自己都吃得下。她发现自
己无聊时吃，快乐时吃，精神萎靡时吃，即便悲伤时也在吃。我知道
我们的思想和情绪会影响我们的饮食行为，而且我们内在的生存本能
对这些思想和情绪很敏感，特别是对像凯特这样的人。我问她："当
你想吃但尽量控制住自己不去吃的时候，会发生什么情况呢？你会感
到更饿吗？"

凯特愣住了，她精心准备好的描述和快速应答都停顿了下来。仔
细思考过后，她承认说当她竭力不吃东西的时候，并不一定会感到更
加饥饿。

"那么，你为什么觉得自己需要吃东西呢？"我问。

其实，她并不是感觉饥饿，而是整体上的不安，也就是身体不舒
服的感觉，用她的话说就是心神不宁、坐立不安、焦虑急躁，之后，
这些感觉会强化她对吃东西的需求，因为吃东西能缓解这些感觉。

虽然凯特在我的帮助下刚刚开始明白不适因素在她生活中的作
用，但能承认这种因素的存在，对她而言也是一个巨大的进步。接下
来，我向她讲述了大脑边缘系统的作用。我解释说，我们的大脑中最
古老的那一部分，也就是大脑边缘系统感知到了食物的不足或稀缺，
并将其解读为一个危险信号，认为自己处在了危险中，便出于本能地

采取了应对行动。当生存本能开始发挥作用时，我们这个古老的大脑边缘系统就会重点关注它需要做什么才能确保我们的生存。因此，它就控制住了我们的思维逻辑，控制了我们的整个身体。

一直以来，我们都是依靠食物的消费来维持生存的，尤其是当我们的食物供给得不到保障时，我们对食物的渴求会更加强烈，总是迫不及待地消灭掉当前所有的食物。对于这一点，你可能也是知道的。要想快速获得维持生存所需的营养，一个办法就是吃一些高热量食物。久而久之，我们的机体内部就形成了一种生存本能，但我们的祖先不必担心发胖的问题。这种本能就像提前编好的程序一样，指挥着我们多吃一些这类食物来维持自己的生存。不用看别的，看看你身边的宠物狗就能明白这个本能。它们在吃东西的时候不会懒洋洋地吃，而是大口大口地吃，仿佛担心口中的食物会被抢走一样。实际上，它们也是受到了生存本能的驱使。虽然它们的主人经常会喂它们，但它们的生存本能仍然会促使其认为这顿饭可能就是最后一顿了，所以要尽快吃完。

凯特花了一些时间来消化我告诉她的信息，她问了一个显而易见的问题："你是说我是为了满足我的生存本能而吃东西吗？我不明白。我的直觉为什么不能驱使我少吃一些呢？"

从逻辑上讲，她的问题倒是有可能实现，但实际上，生存本能不会驱使她少吃，只会驱使她多吃，因为大脑边缘系统与逻辑或健康的信念、想法无关。恰恰相反，人类的生存本能是在远古时期形成的，

当时食物还不像现在这么丰富，吃东西的唯一目的就是维持生存。但现在，这个生存本能似乎不再有必要了，而实际上它照样会产生作用。我还对凯特解释说，传统的减肥方式注重纠正人对相关食品的思维模式，比如让你觉得"这不是健康的"或"这不含热量"或"这会让你变胖"等，但这些想法并不能完全改变你的饮食习惯。真正主导你饮食行为的是独立而强大的生存本能，改变一些关于食物的想法和观念并不能渗透到我们的大脑边缘系统，并不能驯服这个系统控制下的生存本能，最后我们还是完全受制于生存本能，延续着过度进食的行为。

虽然存在这样一种强大的力量主导着我们的行为模式，凯特仍然存在一丝希望，接下来她问到如何才能改变原有的行为模式，并让我教她怎样才能成功节食。

"你即使提高自己对不适的忍受程度，再实施一个严格的节食方案也不会消除生存本能的影响，这一本能仍将驱使你维持原来的饮食行为。而且在许多情况下，无论你做什么，即使你有一天考虑动手术这种剧烈的方案，生存本能仍然会影响最终的成效。因此，你需要'重新训练'一下原始的大脑边缘系统，使其不要对危险的因素或不安全的因素那么敏感，尤其是并不存在真正危险的时候。这样一来，你会发现自己吃的食物越来越少。"

这样解释了一番之后，我就给凯特提出了一个挑战：我建议她不要立即开始另一个节食计划或者报名参加正式的商业性减肥计划，而是先在短期内"重新训练"一下自己的生存本能，看看会发生什么情况。她接受了这个挑战，于是我们就开启了驯服生存本能之旅。令凯特吃惊的是，她的体重逐渐开始下降，而且这一成效还能长时间地维持下去，最后体重减下去了很多。她的血糖也恢复到了健康范围，降低了患糖尿病的风险。

通过我的帮助，凯特在一年内就成功控制住了自己的体重，这正是她希望通过传统减肥计划达到的效果。通过挑战并驯服生存本能，凯特不仅成功减轻了体重，还取得了普通减肥计划无法实现的其他效果。她还把从我这里学到的经验和策略用于应对在生活中遇到的其他多种挑战。在 21 世纪，能够学会驯服自己的生存本能，会产生很多积极的影响。她的人际关系逐渐开始改善，而且能够更好地应对压力和逆境，工作效率、工作业绩和幸福感大为提升，这给她的医生留下了深刻印象。

凯特的重大转变并不是在传统的减肥计划下通过意志力来压抑自己实现的，而是认清了暴饮暴食的根本原因。这一点可能与你的想法是不同的。这个原因并不是她真的感到饥饿，而完全是由被忽视的大脑边缘系统渴望安全与健康导致的。

21 世纪的逃避艺术家

在 21 世纪，生存本能将会对我们的生活产生越来越多的影响。这一点是可以肯定的。几乎每个人都熟悉所谓的"战逃反应"（fight-

or-flight response)。面对一头迎面袭来的牛，你是转身逃跑呢，还是拿起武器与之搏斗呢？我们所有人的生存本能都非常强大，而且很有说服力。就像是一个提前编好的程序一样，指挥着我们在必要的时候出于本能地采取自救措施。我们今天很少需要用到这个与生俱来的本能，因为我们很少会深陷于真正能够威胁生命的情景。真正能威胁生命的因素很少了，但生存本能驱使下的"战逃反应"仍然在发挥着作用，而且其作用越来越普遍，就连非常微不足道的情形、非常琐碎的不适因素都能刺激到我们的生存本能，所以我们发现自己的心理舒适区越来越小，最终把自己局限在了一个更加狭隘、有限的空间内，而这只会导致我们感觉自己更加弱小。

正如我向凯特详细解释的那样，我们的生存本能是由大脑边缘系统主导的。这个系统位于大脑中最边缘的部位，是人类尚处于爬行动物向人类进化的阶段形成的。生存本能与自发的应激反应具有密切的关联，而且这种关联是永久存在的。在大脑边缘系统主导生存本能这一点上，人类和其他动物都是一样的。我们的主要情感，如恐惧、快乐、安全感、成瘾性、饥饿、口渴、爱、欲望、疼痛和愤怒等，都位于大脑边缘系统的主导范围之内。事实上，我们几乎所有的直觉反应都起源于这个古老的脑区。这些反应是可以训练的。我所说的训练，指的是它们很容易和某些具体的情形联系起来，这样就可以影响我们的行为、思想和情感。例如，如果你在一个封闭的电梯里突然感到恐慌，那么你的身体和心理可能会接受一次训练，形成固定的反应模式，以后在类似情形下你仍然会感到不适或恐慌。

显然，很多潜意识的反应能帮助我们在这个世界上生存下去，但当这些反应给我们带来疾病或伤害的时候，这个强大的大脑边缘系统本质上已经出错了。如同奥运会的游泳运动员可以训练他的身体在接近泳池尽头的时候本能地翻转一样，我们也可以训练自己自发地对外部条件做出反应，就相当于给我们的身体安装上了一个提前编好的程序，指挥着我们什么时候吃、吃什么、吃多少，什么时候睡觉，什么时候感觉不舒服、健康、快乐，以及什么是有趣的和性感的，等等。

今天，人们所患的疾病中，有很多都是由大脑的原始部位引起的。我们将在第 4 章了解到，这个部位决定着我们的生活习惯。正如我曾经向凯特解释的那样，很多传统的认知方法，或者所谓的情绪训练方案之所以都不能奏效，就是因为过于依赖新发展起来的、高度发达的大脑皮质，希望通过影响大脑皮质来改变固有习惯，而主导人类本能和强烈情感的大脑边缘系统却没有被触及，没有受到影响。你可能已经猜到了，大脑边缘系统和大脑皮质说的是两种截然不同的语言，就像生活在同一屋檐下的两个人也可能拥有两种不同的个性，各有各的交流方式。大脑皮质主要倾向于进行思考类、计算类和逻辑类的活动，包括催生批判性思维，寻找问题解决方案，进行分析性、归纳性与演绎性思考。在大脑皮质接收信息、处理信息、得出结论，然后根据这个结论指挥机体行为的过程中，其每一个决定和选择通常都意味着你要暂停之前的行为模式。

另一方面，大脑边缘系统在应对外部世界的过程中会同时催生一些原始的情感反应和身体反应，这些反应包括恐惧、安全、痛苦、快乐、受伤和愤怒。我们的大脑边缘系统具有敏感性和反应性。所以，我们的大脑包括这样两部分，一部分是"思考的大脑"，即主导逻辑的大脑皮质；另一部分是"情绪的大脑"，即主导情绪的大脑边缘系统。这两部分大脑都具有重要的功能，但它们之间可能会出现分歧，面对同样一个威胁因素，大脑皮质可能会说我们是安全的，而大脑边缘系统则可能得出一个完全不同的意见。你能猜到通常是哪一部分大脑胜出吗？如果你猜的是大脑边缘系统，那么你是绝对正确的！要想找出大脑这两部分出现分歧的例子，你自己身上就有。你出去吃东西时，有没有曾经告诉自己不要吃某种食物，如甜点、面包、糖果？结果怎么样呢？你有没有注意到一部分大脑说"不吃"，而另一部分却一直撺掇着你说"吃、吃、吃"？最后谁赢了呢？是你那理智的大脑皮质还是强势的大脑边缘系统？

凯特遇到的就是这种情况。在暴饮暴食的那些日子里，大脑皮质和大脑边缘系统是以两种完全不同的语言在表达着自己的要求，而谁也无法认同另一方。她的大脑皮质尖叫着说她受够了过于肥胖的情况，要寻找符合逻辑和认知的解决方案，比如再开始一次节食计划等，而她的大脑边缘系统则对压抑食欲的理智方案不感兴趣，并且尖叫着需要食物。

获取了安全感，才能实现改变

我们的很多疾病与功能失调都能归因于生存本能，如果你觉得这个说法很抽象，很不好理解，那么我再举几个例子。我们一起来看看珍妮特的情况。如同凯特一样，珍妮特的生活也被生存本能主导了。有一次，珍妮特出去参加一个会议，将要发表一篇关于世界饥饿问题的演讲。她的预定计划是先乘坐飞机，然后打车去目的地。虽然她为了防止某些意外事件耽误行程，特意提前出发了几个小时，但结果还是耽误了。她先是在机场滞留了两个小时，后来在打车的过程中又遇到了交通高峰期，在路上堵了好久，以至于没有按时到达目的地。这次迟到的经历，给珍妮特埋下了恐慌症的伏笔。

最后，当她终于到达目的地的时候，已晚了30分钟，而她预定的讲话时间是一个小时，所以她极度紧张。由于迟到，再加上演讲之前本来就会产生一定的焦虑情绪，所以她陷入恐慌就在所难免了。当恐慌袭来的时候，她的额头渗出了汗珠，心跳迅速加快，大脑一片空白，脸部很快涨得通红，双手不停地颤抖，注意力很难集中。尽管如此，她仍然勉强硬撑着完成了演讲。当一切结束的时候，她松了一口气，说了一句"这种事情是难免的"来安慰自己。但几个星期后，当她再次受邀演讲时，虽然没有迟到，恐慌仍然会向她袭来。

为了寻求解决问题的方案，珍妮特去看了医生。医生给她开了抗焦虑药物——氯硝西泮，让她以后开始演讲之前服用这种药物，来抑

制恐慌反应。至少前六七次似乎很有效，但后来她注意到这种药物会让人产生依赖，要保持镇定，服用剂量必须越来越大。她还注意到这种药吃得越多，思维灵敏性和表达能力就越受影响。珍妮特觉得自己陷入了两难境地，吃药也不行，停药也不行，最后索性把所有演讲邀请都推掉了。

但仅仅推掉演讲还不行，因为珍妮特同时还是一位演员，所以她便拒掉了一切演出邀请。之前，由于曾经参演过一些知名的节目，扮演过一些主要的角色，所以其演艺事业一度十分兴旺，但等到来见我的时候，她的恐慌症已经十分严重了，导致她拒掉了一切演讲和演出。珍妮特感到自己十分脆弱，似乎再也无法控制自己的生活，而且一想到恐慌症发作就感到十分害怕。

那么，珍妮特的脆弱感与恐慌症发作有什么关系呢？在为她提供帮助的过程中，我了解到她在儿童期的体重严重超过了正常标准，结果遭到了很多嘲笑和排斥。现在，虽然儿时的经历已经过去了30年，但她害怕被排斥的心理一直没有彻底消失。在观众面前，如果出现焦虑症状，就意味着自己可能遭到严厉的评判，或者看起来会很傻，而这一切都是遭到排斥的体现（顺便说一句，"害怕被排斥"这种强烈的情感可能和我们的生存本能具有密切联系。很久很久以前，我们之所以渴望被自己所在的社会群体接纳，就是为了能够在其他人的帮助下生存下去，并繁衍后代）。一想到自己有可能会被排斥，她就感到很害怕，很不舒服，珍妮特就想采取措施来避免这种感觉的再现。虽然恐慌症完全不是自己的逻辑所需要的，但珍妮特无论如何也摆脱不了它。这就说明珍妮特的生存本能为了规避潜在的不适与伤害，已经控制住了她的身体，也控制住了她的生活。

今天，这种生存本能的作用是极其普遍的，以至于控制了我们的个人关系和工作关系，坦率地说，甚至侵蚀着我们的社交和工作。除了前面的几个案例之外，我再讲述一下艾莉森的情况，她的情况也是很常见的。她在和男士相处的过程中，曾经有过几段令人失望的、不成功的感情经历，最后一段感情使她受到了很大的心理创伤，以至于后来一想到和男士相处，她就会感到害怕、痛苦、恶心和头痛。这些情感和反应就是在大脑边缘系统控制下的生存本能催生的。她的生存本能为了缓解遭到男士拒绝带来的不适情感，就用尽一切方式来创造安全感，这就意味着以后不再约会，或者把自己置于一个见不到男士的环境中。

虽然珍妮特和艾莉森在大脑皮质的主导下希望能够提高自己的轻松感和舒适感，但她们的大脑边缘系统却占据了上风，这个系统主导下的生存本能需要缓解不适状态，一旦出现任何不适因素，异常敏感的生存本能就会促使机体进行抵抗，从而为她们寻求改变自己生活的过程创造了障碍。排除不适因素并创造安全感的需求最终压过了改善自我的需求。因此，只有当改变能够带来安全感的时候，才有可能实现。

我最后再举个跟长期失眠有关的例子。我想这个例子会让很多人产生同感。如果说失眠者睡不着其实是为了缓解恐惧或不适情感，听

起来似乎有点不符合人们的逻辑和直觉，但实际上，我们的睡眠能力取决于我们对安全感与掌控感的需求，当内心感到安全，感到一切都在自己掌控范围之内的时候，我们才更容易入眠。但如果由于某些疏忽，在意识中把睡眠与丧失掌控感联系在了一起，那会产生什么样的结果呢？虽然一两夜的失眠不会产生什么危害，但随着次数越来越多，失眠就会越来越严重，以至于压制住了人体对睡眠的生理需要。事实上，生存本能应对恐惧情绪的一种方式就是阻止我们丧失对周围事物的控制，或者控制住我们。这就解释了为什么很多心脏病患者都会失眠：他们在潜意识里把睡眠等同于死亡，认为进入了睡眠就失去了对周围事物以及对自己的控制。事实上，昏昏欲睡的感觉非常类似于死亡的感觉。因为这种感觉很可怕，所以生存本能就会自发地抑制并干预人体对睡眠的需求，防止心脏病患者入睡。

这时，你可能会思考一些很明显的问题，比如难道这些人就看不到不适因素越来越严重吗？一次不好的经历怎么会演变成长期性的问题呢？为什么生存本能不能在我们陷于崩溃之前把我们解救出来呢？有时候，我们自己的确也能看到一些危险的信号，但往往低估了它们的严重性，或者将其完全忽略掉了。詹姆斯就是这种情况。因为从基因角度来讲，我们都是渴望生存的，所以我们能够在大脑皮质的主导下调整自我，适应外部新环境，包括不利的或不健康的环境，而且这个调整过程几乎不需要刻意思考就完成了。人类自身的适应能力容易导致我们忽略一些不适因素，直到这些因素日积月累到引发危机的地步，才能引起我们的注意，并迫使我们采取行动加以应对。

此外，不要问自己为什么不能获得良好的睡眠，或者为什么不能阻止我们在晚上肚子痛，让我们来面对这些问题。在这些情况下，如果服用安眠药或止痛药，会比较容易消除症状。但我们没有试图去搞清楚这些症状的核心原因到底是什么，就去药店寻求解决办法，以强迫我们的身体做出调整并适应长期失眠和肠道疾病。我们开始接受并忍受"次优"的生活方式，而忽视了在健康状况急转直下之前改善自身健康的机遇。但这是所有人的共同特征，因为人类本身都具有适应环境的本能，直到出现真正的危机才愿意采取行动，我们不应该对这个特征提出严厉的批评。毫无疑问，这个特征帮助人类存活了下来，但实际上，在 21 世纪，我们的生存可能取决于一个完全不同的范式，即能够以健康的方式经受住不适因素的侵袭，并且像战士一样更加忍受不适因素，把不适因素变成力量之源。

我们将在第二部分探讨如何才能提升自己的不适应对能力，但在此之前，我们不得不先回答一些重要的问题，即不适因素的真正本质是什么？从现实角度来考虑，不适因素具有哪些特征？你的不适感达到非常严重的程度并给你带来健康问题和其他挑战时，其外在表现是什么？我们接下来就要回答这些问题，你也可以借此机会来判断一下自己的不适感已经累积到了什么程度。

第3章

平衡之道——平和与灾难的微妙平衡

　　如果你的生活在大部分时间里都充斥着不适因素，而这些因素不会对你的行为方式和健康状况产生消极影响；如果你的生活充满了不确定性因素，而你仍然能够运用某种力量寻觅到内心的平和与幸福；如果你的生活面临诸多挑战和挫折，但你仍然能够把恐惧感转变为安全感，并发现更持久的幸福；那么，你的生活将会变得多么美好！

　　当你学会了如何驯服古老的大脑边缘系统，你就能做到上面这一切，因为这个系统时时刻刻都在管理着你的行为方式和健康状况，包括你如何工作、如何与他人相处、如何养育孩子、如何表达爱、如何做出正确的决定以及如何规划未来。

在前几个章节中，我向你介绍了"不适"的概念。我们对不适因素的厌恶感日益严重地支配着我们的生活，对一些慢性疾病和不健康的生活习惯起到了推波助澜的作用，导致我们长期依赖药物，使我们的行为方式出现了长期而有害的变化。现在，我们将带你开启一段新的旅程，探讨引发不适感的真正因素是什么。之后，我们再深入研究一下大脑中经常发生冲突的两个"指挥中心"。

距离太近引发的不适

我有一个事情需要向读者们坦白。数千个小时之前，也就是我刚开始写这本书的时候，侧重点实际上与现在完全不同。当时主要侧重于论述内在安全感的缺乏如何会转变成不健康的习惯。多年以来，在临床实践中，我一直把这一点作为主要的理论基础。我的治疗工作需要我为患者无意识的思想和生活注入安全感，从而帮助病人摆脱给他们带来困扰的习惯和症状。

但直到我经历了人生中最悲惨、最心碎的时刻，这本书真正的侧重点才开始呈现出来。经过近 30 年的婚姻生活之后，我发现自己走向了离婚。在短短几个月的时间里，我的生活经历了一个痛苦和毁灭性的过渡时期，那时，我发现自己的生活支离破碎。但这种情况并非第一次出现，在此之前，我已经承受过一个巨大的损失：多年前，我母亲的离世给我造成了同样严重的打击。但根据我的理解，失去婚姻和失去直系家属造成的打击完全不在一个层面上。离婚对我造成的打击实在太强烈、太痛苦了，以至于显得那么不真实，那么难以置信，让我的大脑完全无法接受。在内心深处，我告诉自己，肯定会存在一线希望的，肯定会迎来转机的，但在最初无比痛苦的那几个月里，我看不见任何好的因素，我看到的一切都是不好的。我深深地感觉到了悲伤、忧郁以及责任意识给我带来的折磨。我迫不及待地想缓解一下自己的情绪。这种情况下，尤其是当我的医生为我提供药物的时候，服药似乎是一个比较诱人的、简单便捷的解决方案。我一直在问自己："撕心裂肺的痛苦会一直给我带来惩罚并阻止我生命前进的脚步呢，还是会提升我的眼界，使我更加坚强，帮助我以完全出乎意料的方式成长并产生有益的结果呢？"

你可以想象得到，最初在分析这些痛苦和不适的时候，我的大脑肯定没有将其与离婚联系在一起。我开始试着去了解我与这些感受的关系，尤其是当我心情沉重、心跳加速的时候。当我哭泣的时候，我能感觉到我的身体也在痛苦地尖叫。我注意到自己本能地渴望征服这些痛苦，迅速打消这种让我不愉快的情感，不要继续和它打交道。当然，我知道，在这种情况下，那些可以提高睡眠质量、控制焦虑、平复心情的药物会对我产生很大的吸引力，尤其是当医生建议我服药的时候，药物就更具吸引力。我还知道，在这种情况下，胡吃海喝也能转移我的注意力，帮我摆脱悲伤的心情。但由于我在心理学方面拥有丰富的经验，所以我能够敏锐地观察到这样一个事实，即迅速获得安慰的欲望之所以如此强烈，是因为它并非一个认知过程，而是我的生

存本能为了驱除原始恐惧而做出的反应。换句话说，我注意到当我把精力集中到痛苦之上时，痛苦的事件就会影响到我的大脑边缘系统，从而在我体内引起一定的恐惧，使我害怕自己无法忍受不适，害怕"坏"的东西很快就会发生，害怕我会死去，或者害怕另一个可怕的事件会破坏我的生活。为了应对这种恐惧情绪，我的生存本能必然要采取一定的应对措施。

在更加深入的自我剖析中，我可以看到自己作为人类的一员，在躲避痛苦的过程中会受到多大的束缚。很久以前，当人类感到痛苦时，就会采取应对措施，这无疑体现出了人类的适应能力，正是得益于这种适应能力，我们人类才能生存下去，才能躲过一些原本能够带来致命威胁的痛苦和不适。但今天，我们的生活环境大大改善，很少会面临威胁生命的情形。我在想，人类在漫长演变过程中形成的自然反应，尤其是对轻度威胁的反应，会不会阻碍我们进步的步伐呢？

后来，我顿悟了，我开始明白要实现真正的成长，要摆脱离婚的阴影继续迈向未来，我需要改变自己对痛苦与不适的理解。如果做不到的话，那么我在生活中将永远处于防守和被动的处境，我之前形成的一些本能仍然会继续产生影响，主导我的生活。

要彻底转变固有的观念，需要花费一些时日，但一旦转变过来，我就知道自己的不适忍耐能力大大提升了，甚至超出了我原先的想象。但这并不是说这个转变过程很容易，因为说实话，这个过程甚至需要经过痛苦的挣扎。但最终的结果是即便遇到不适情形，我仍然能够感到舒适，而且根据自身经验，我知道我能抵御住不适因素的影响而生存下去。今天，我会从一个全新的视角去看待情绪健康和身体健康的问题，我认为，所谓健康，并不是完全不存在痛苦，而是能够在痛苦和不适面前寻觅到舒适和安全。为了达到这种境界，我不得不重新训练我的生存本能，提高其对不适因素的忍耐能力，使其预见或经历不适因素时不再产生恐慌情绪。转变固有观念是一个持续性的过程，我不能说我喜欢这个过程，但我已经接受了它，将其视为生命中的一个必要组成部分。换句话讲，我认为，真正的健康与幸福并不是拥有一个只有舒适和乐趣的人生，恰恰相反，它是一种能力，一种在艰辛、挫折和挑战面前仍然感到安全和舒适的能力。

当我逐渐明白了这一切之后，我就开始重新评估自己在过去这么多年里为患者所做的工作。后来，我意识到自己所做的工作不只是给患者注入了安全感，除此之外，我还做了许多其他工作，还帮助患者以正确的方式处理痛苦和不适带来的恐惧感。

我发现我的患者们明显具有一个共同特征，即他们内心深处都对不适因素形成了深刻的恐惧情绪，害怕这些因素会严重得超出自己的控制范围。正是这种主观感知的恐惧情绪催生了损害健康的行为方式。因此，无论我治疗的是失眠症患者，还是慢性疼痛症患者，抑或是恐慌症患者，他们的一个共同特征就是无法忍受不适因素，以至于最后形成了不健康的习惯。

我的患者们经常悲哀地感叹说自己害怕饥饿，害怕无法入睡，害

怕坐电梯或坐飞机，害怕在公共场合讲话，或者害怕与他人建立密切的关系。虽然他们遇到的问题不尽相同，但往往都有一个共同的内在对手，即过度敏感的生存本能。这意味着可以用同一个方案去解决他们的问题。这个方案就是驯服他们的生存本能，使其能够在更大程度上忍受那些引发恐惧和痛苦的不适因素，让他们培养把不适转化为舒适的能力。事实上，如果你可以克服感觉不适的本能反应，就可以自己治愈疾病。

不适因素管理不善，容易引发内心不适

从文化的角度来看，在人类发展历程中，不适感拥有悠久的历史，特别是当它涉及磨难的时候。人们可能会争辩说所有宗教都是根植于一个社会对于减轻痛苦的需要。在一些传统中，充满磨难的生活，或者说缺少乐趣的生活被视为净化心灵的一条必由之路。磨难可以使你更接近上帝，或更有利于实现永恒的福祉，并远离俗世享乐的纷扰与诱惑。而且，不要忘了，我们的父母早早地就教导我们说，痛苦和磨难是人生的必要组成部分，是成功的必由之路。毕竟，一分耕耘一分收获，没有痛苦，没有疼痛，也就没有收获。此外，我们接受的教育还要我们相信"杀不死我们的，使我们更坚强"。接下来，让我们从更加基础和更加务实的角度来审视一下"不适"这个词语的定义。

如果我问你遭遇"不适"意味着什么，你的定义可能包括诸如焦

虑、疼痛、烦躁、不安、担忧、凄惨等字眼。感觉"不适"很可能是人类生存条件的固有组成部分。我们对它并不陌生，因为我们通常会尽力避开它或尽快摆脱它。不适因素不只是一件烦心事或萦绕心头的急事，相反，它往往是相当可怕的、压倒一切的因素，特别是如果我们解决不了，后果会更加可怕。我们很早就了解到了什么是"不适"因素，比如跌倒把膝盖擦伤了，再比如在一大群人面前讲话时心脏好像提到嗓子眼的那种恐惧感等，都算是不适因素。

动物也会遭遇不适因素，但人类的不适是不同的，因为我们的大脑功能比较高级。我们可以更加清醒而理智地意识到什么是不适因素，并能够把不同类型的不适因素归结到各种各样的触发因素上。所以，不但脚踝扭伤或出现裂伤等客观损伤会触发我们的不适，比较微妙的因素也能够让我们发现自己感觉十分紧张，但我们却找不出出现这种问题的根本原因。

实际上，不适因素可以划分为两种类型。第一类是急性的，比如手臂骨折、膝关节肿胀或破皮。但大部分情况下的不适因素都属于第二类，即具有长期性和隐蔽性的那一类。这一类不适因素的持续时间很久，不只包括身体上的不适，还包括心理上的不适。

毫无疑问，在人类从茹毛饮血的远古时代开始进化的过程中，不适因素的确曾经起到过一些有益的作用。在远古时代，我们不得不依赖自己的感觉来感知不适因素，比如，哪些情形会引起我们的不适，我们就竭力避开这些情形；哪些食品会引发疼痛、疾病或死亡，我们就尽量避开这些食物；哪些人伤害了我们，我们就尽量避开他们或者拿起武器，以避免未来再遭到伤害或其他重大风险。然而，在今天的世界，人类很少会遭遇真正能够威胁生命的情形。尽管如此，人类在漫长进化过程中为了保护自己而形成的生存本能仍然在发挥着作用，而且变得更加敏感。大多数时候，我们感受到的不适往往都是我们自己一手制造出来的，实际上并不存在。换句话讲，我们内心的不适，通常是自己造成的。正如马克·吐温所写的那样："我一生中充满了可怕的灾难，而其中大部分从未发生过。"

由于我们臆想的"外部敌人"其实并不存在，因此，我们不需要同"外部敌人"进行战斗。但在这种情况下，我们的内心却会成为自己最大的敌人，我们的斗争主要是自己的内心引起的。此外，我们今天的不适通常都起源于一些琐碎的问题，我们的头脑和身体往往会把这些问题解读为"有害因素"，从而采取斗争姿态加以应对。我们的内心斗争并不仅仅局限于思维中，也体现在细胞层次上，自身免疫性疾病就是一个明显的例证。这类疾病的特点是不存在外部威胁，但身体却在我们的体内发起斗争，这种内部斗争会产生严重的危害，有时甚至会带来致命风险。

无论我们正在谈论的不适因素属于哪一种，它们都有一个共同的特点，即没有得到妥善的管理，也就是说我们自己与外部世界存在"错位"。长期存在的不适感表明我们并没有利用好我们的"内在资源"（意志力等内心的力量）去应对不适因素，而且我们没有给予充分的重视，不能领会身体试图告诉我们的内容。换句话说，不适因素的影响取决于我们自己和外面的世界之间的错位。现在，这句话乍一听似乎有些难以置信，理解起来似乎很深奥，但实际上并不难懂，下面我来解释一下。

我们很容易忽视一些初期的不适症状。这些症状有很多种表现，比如持续性的疲劳、健忘、注意力难以集中、关节痛、头疼、胃部不适、早晨起床后感到心神不宁、烦躁不安以及越来越没耐心等。当我们经历这些信号中的一个或多个时，我们很可能不会理睬它们，并将其视为正常现象，即便我们承认它们，也很可能通过使用药物来控制症状，而不是运用内在的本能力量来恢复身心平衡。人体的细胞具备一些与生俱来的"心理矫正技术"，这种技术是内在的，是在人类长期进化过程中形成的，就像是一个提前设计好的程序一样引导着人体在变化的环境中实现内部的平衡。这一点可能与很多人的固有认识是相反的。要理解这一点，请考虑一下我们的抗体。抗体是由人体制造的，当它们发现病原体或其他异物侵入人体的时候，就会自动发挥作用，与抗原（包括外来的和自身的）相结合，从而有效地清除侵入机体的异物。但我们在遇到不适症状时，往往不注重依赖这种内在力量恢复正常，而是迅速地从身体外部寻找缓解办法。

利用外部手段缓解不适症状未必能达到预期效果，最突出的一个例子是"注意力缺失过动症"患者的增多。现在，无论是在儿童群体中，还是在成年人群体中，患有这一疾病的人都越来越多。可以肯定

的是，这一疾病的患者在世界人口总量中只占少数，但每天新增的患者数量多达数十人。出现这一现象的原因之一就是该疾病的诊断标准已经降低了，因此把更多的人包括了进去，也就是说，按照原有标准没有患上这一疾病的人，在新的诊断标准下就被确诊为患上了这一疾病。

注意力缺失过动症患者的数量之所以日益增加，一部分原因在于人们对这个疾病的了解越来越多，因此也更加愿意去医院接受诊断，接受诊断的人多了，被确诊的患者也随之增加。但另外一个不容忽视的原因出在制药公司身上。对于这一疾病的很多研究工作都是制药公司承担的，而制药公司出于自身利益的考虑，最希望患者通过服用它们的药物来治疗注意力缺失过动症，借此提高药品销售量。所以，它们一直积极推动降低诊断标准，以便产生更多的患者，从而卖出更多的药品。这与胆固醇研究领域出现的情况具有很大的相似性。胆固醇本来可以通过自身调节恢复到正常水平，但制药公司却想方设法降低诊断标准，并促使患者通过服药降低胆固醇水平。

但人们往往非常容易忽略的一点是，如果患者能运用好自己的生存本能，更好地管理不适因素对自己的影响，那么注意力缺失过动症的很大一部分症状都会消失。当然，能够导致这种疾病的因素很多，比如随着人们的工作压力和家庭压力越来越大，人们可能会感到无力应对，从而患上这种疾病。此外，心理技能训练的缺失也是一部分原因。虽然各方面压力都可能成为不适因素，但我们很少有机会学到管理这些不适因素的技能，结果一旦出现不适，我们就会条件反射式地寻找外部解决方案。

焦虑状态

有一个事实可能与你的固有观念相反，即长期不适并非无缘无故产生的，也不是突然之间就形成的，而是可以归因于一种微妙但强大的"颠覆性"暗流，我称之为"焦虑状态"。这种状态往往会在我们无法察觉的情况下悄无声息地逐步强化，最终给我们带来不适感。

与不适感的其他初步表现一样，焦虑在悄然酝酿时也很容易遭到忽视。为了便于理解这句话，可以把焦虑比作我们的体温，虽然正常体温平均在36℃到37℃之间，但它会受到其他因素的影响，比如运动会使其有所升高，一些疾病会导致发烧，剧烈反应和情绪波动也会导致体温升高。体温的小幅波动往往无法察觉（事实上，在达到37.8℃之前，医学界都认为不算大幅波动），但体温从37℃变成37.8℃的过程中，人们可能会注意到自己的身体会略微发热，头有些沉，情绪会变得略微急躁或不安，而且需要更多的时间才可以入睡等。焦虑程度越高，体温越高，这些症状就会变得愈加明显。当焦虑程度继续加强，体温超过37.8℃时，人体就会明显感觉到不适。一旦发生这种情况，人们就会注意到一些非常严重的、不可忽视的迹象，比如思维明显变得模糊、大脑昏昏沉沉、肢体疲劳感和酸痛

感加强、注意力难以集中、烦躁易怒以及容易发脾气。在这种状态下，你的焦虑水平已经越过红线，侵入到了你的心理舒适区。

如果你在这个时候注意到了不适感，仍然可以通过自身调节恢复正常水平，但正如我上面所讨论的那样，你很可能会选择服用药物来加以应对，比如服用阿司匹林或布洛芬来降低体温，使其恢复正常，以此来消除不适症状。然而，如果这些"不适"因素继续被忽视或遭到人为抑制，那么体温可能会再次升高，甚至可能达到十分危险的39.4℃。这是一种非常不幸的情况，大脑和身体将会被迫采取行动来保护机体的安全，以免发生严重的损害。

除了根据我刚才给出的定义来理解焦虑状态，你还可以从实际感受出发去理解。我们不妨问问自己：我现在感到焦虑吗？要回答这个问题，使用下面的清单将帮助你真正了解焦虑意味着什么，了解焦虑与传统的压力有何区别，了解焦虑在你的生活中扮演了什么角色。几乎每个人都熟悉生活失去平衡的感觉，也熟悉神经紧张或烦躁不安的感觉，但每天都有这种感觉究竟有多么严重呢？我们需要找出答案。要测试你当前的焦虑水平，可以采用我的"焦虑测试表"。

焦虑测试表 ‖ ‖ ‖ ‖ ‖ ‖ ‖

下面列出的这些活动或行为通常会引发焦虑，对这些活动的评估，有助于你评估自己的焦虑水平。尽最大努力去真实地回答每一个问题。没有人看到你的答案，只有你自己能看到。知道这些问题的答案将使本书的内容和练习给你带来最大益处。在回答"是"或"不是"的过程中，你可能会有意外的收获，可能会想起很多细节性的东西。

1. 你经常查收你的电子邮件吗？

2. 如果你忽然之间或出乎意料地拥有一些空闲的、可以自主安排的时间，你会很快拿起手机查收短信、上网或者给别人打电话吗？

3. 即使没有电子邮件或短信通知，你会主动去查收吗？

4. 如果一段时间没有收到电子邮件或短信，你会感到焦虑、不安或者沮丧吗？

5. 如果发送短信或电子邮件而没有立即收到回复，你会感到不安吗？

6. 如果你在杂货店或邮局排着长队，而店员是新来的，做事慢慢腾腾，你容易焦虑吗？

7. 该睡觉的时候，你是否会寻找一些理由熬夜而不去睡觉呢？

8. 在夜间或周末，当你不工作的时候，你是否会因为不忙碌而感觉不舒适呢？

9. 你喜欢一直在线的感觉吗？

10. 你很难慢下来吗？

11. 在很容易感到无聊的情况下，你是否会不断地寻求刺激呢？

12. 在感到不安的情况下，你是否会选择吃东西的方式让自己冷静下来呢？

13. 在空闲时间里，你是否会无缘无故地感到不舒适呢？

14. 在不着急或不迟到的情况下，你是否会开快车呢？

15. 在不匆忙的情况下，你是否会走得很快呢？

16. 在不匆忙的情况下，你是否会对其他人没有耐心呢？

17. 你是否经常会感情用事以至于充满怒气呢？

18. 当你无聊时，即使不饿，你是否也会去寻找食物呢？

19. 当你感到饥饿而无法及时进食时，你是否会觉得不安呢？

20. 当你想到食物时，即使不饿，你是否也想吃呢？

21. 一旦生气，你的怒气是否会持续过久呢？

22. 寻求刺激时，你是否需要同时满足多种感觉呢？比如，在吃东西的同时还要阅读或看电视。

23. 在睡觉前，你是否很难让自己的思绪平静下来呢？

24. 如果半夜醒来，你是否会因为思维变得活跃而无法迅速、轻松地再次入眠？

25. 处于一个陌生的或出乎意料的环境中时，你是否会感到害怕或不舒适呢？

26. 你是否会因为纠缠于一些无价值的、不重要的或者与现实没有关系的事物而备感困扰呢？

27. 当你不能把事情做完时，是否会感到压力和焦虑呢？

28. 如果有些事物不完全符合你的需要和预期，你是否会变得焦虑呢？

29. 你是一个完美主义者吗？

30. 你是否经常无法自已地要求别人完美呢?

31. 当你度假或者应该放松的时候,你是否发现自己仍然在工作,仍然一直忙碌呢?

32. 面对不确定性因素,你是否感到舒适呢?

评分:如果只有一个问题的答案为"是",那么你可能有某种程度的焦虑,但它是易于管理的,你可能几乎意识不到它。如果"是"的答案为5到10个,那么你的焦虑水平虽然明显,但仍然是相对可控的。如果"是"的答案超过了10个,那么你的焦虑水平就已经变得非常明显了,并且可能会导致(或很快导致)身体或精神不适的症状。

焦虑是生活中一个正常的、必不可少的组成部分。无论是在机体内部,还是在机体外部,总会存在一些相互矛盾的力量,所以焦虑是在所难免的。在很多情况下,焦虑水平偏低,不会给人们带来困扰,也不会引起人们的关注,但焦虑情绪却是无时不在的,这与大脑活动有关。由于大脑中的不同功能区一直在争夺主导地位,往往容易导致血糖正常而胆固醇失衡的情况,或者导致胆固醇正常而血糖失衡的情况。幸运的是,我们的机体具有自我调节的功能,无论外界环境如何变化,它都在不停地"照顾"着多个器官和系统的需要,同时也在自发地控制自身的体内环境使其保持一定的平衡。在科学界,医生们把人体对于保持体内平衡的需求称为"内稳态"(homeostasis)。内稳态

的意义就是维持体内平衡。的确,这种平衡是动态的,而且在不停地变化,但人体能通过自身调节实现它所渴望的那种稳定,使机体处于一个安全的、免受伤害的状态。如果你深入研究一下这个问题,就会发现机体平衡一直在承受着不同力量的冲击,比如什么时候吃饭、什么时候睡觉等方面的选择都有可能影响到机体平衡。即便你所在环境的温度也会影响到你的体温,但机体的自我调节功能会使你的体温维持在 37℃左右。

人们往往没有想到的一点是,这种平衡活动不仅发生在机体内部,还发生在机体外部。我们一直在努力让自己生活的方方面面达到相互协调的平衡状态。当实现了各方面的协调时,我们的生活就达到了平衡与和谐的状态。不幸的是,这种状态很少会实现,即便偶尔成为现实,持续时间也十分短暂。比较常见的情况是,我们在生活中的一个方面实现了平衡或协调,但在其他方面却做不到。比如,你可能在工作上做得非常平衡,但人际关系却失衡了;或者人际关系平衡,而工作却失衡了;或者你非常喜欢你的工作,但遭受着某种疾病的折磨。当然,在很多情况下,我们也会实现与他人的和谐共处,或者找到一个与自身优势和特质相匹配的职业。此外,我们还会在某些情形下体验到平衡或协调。比如,当我们漫步在森林中时,当我们处在自己从小到大生活的那个城市时,当我们与心爱的人在一起时,与意气相投的伙伴在一起时,与相识多年、结下深厚友谊而从未发生过争执的朋友在一起时,与一群朋友闲逛时,我们就会感觉到自己与周围的环境是协调的，感觉到自己自由自在，就能收获一份内心的平衡。但不幸的是，由于生活在一个不断变化的世界中，我们肯定会被迫离开我们喜欢的、能够给我们带来协调感的人或事物。而且，我们都知道，这些能够让自己感到协调的情景只是生活中的一小部分，从而导致我们无法逃避引起失调和失衡的情形。生活体验的短暂性使得协调感根本无法永久存在。环境会变，人也会变，生活一直处在变化之中，我们对协调感和平衡感的追求也在不停地变化着，要想在当前的各方面之间找到真正意义上的协调感和平衡感，难度越来越大。很多人正是由于这个原因才陷入了迷茫。

换句话讲，我们可能会觉得自己生活在长期失调的状态中，似乎永远找不到平衡，总是紧张不安、心烦意乱。如果我们的身体患有某种疾病，导致我们无法满足自己对爱情或快乐的需求，那么这种失调状态将会继续深化。我们也有可能继续过度依赖外部因素来获得快乐，但牺牲了内心的平和与幸福。在这些情况下，人们的焦虑水平都会越来越高，平衡感或协调感越来越低，不安的心态越来越强，从而导致不适感越来越明显，最终引发了恐惧，导致过于敏感的生存本能开始采取防卫措施。

我要说明一点：焦虑本身并不算什么问题，因为它是我们生活在这个世界上不可避免的副产品。然而，因为有很多因素都能触发或加剧焦虑，而且焦虑得到缓和的可能性很低，很可能导致我们的世界严重失调，所以，如果处理不善，焦虑的确会给我们的生活带来问题。

比如，晚上本该是睡觉的时间，但我们很可能会习惯性地熬夜，比如坐在电脑前工作、回复邮件、观看我们自己录制的表演节目，或者阅读桌子上、卧室里堆积如山的报纸和杂志，但做这些事情的愿望可能与内心的疲惫感以及人体对睡眠的需求产生冲突。换句话讲，我们感受到的焦虑越多，我们与内心世界和外在世界的失调就越严重。这种失调越严重，生活的失衡感就越强烈。

在这一点上，一个比较显著的例子就是人体对连续刺激的需求。当你经历了忙碌的、遍布危机的一天或一周后，你不是选择放缓脚步、放松心情，而是想方设法让自己继续保持忙碌的状态，如熬夜看新闻、网上冲浪、寻求新的任务、狼吞虎咽地吃含糖食品等。随着时间的推移，我们可能沉迷于这类过度的刺激，从而对刺激产生依赖。到这个时候，焦虑水平已经超越了我们的身体和心理的适应或承受能力。

当各方面的生活之间的协调性越强，焦虑程度就会越低。对于这一点，人们应该不会感到惊讶。

了解了什么是焦虑以及它对我们行为方式的影响之后，接下来一个很明显的问题就是，当焦虑水平上升时，我们如何管理呢？虽然管理不善可能会严重影响我们的生活，但我们几乎没有受过关于焦虑管理技巧的教育。

人们对焦虑的管理可能有效，也可能无效。如果焦虑的管理方法是有效的，就能带来协调感，这也是我们想要达到的状态。另一方面，如同下图所示，如果管理措施低效或无效，焦虑就会加剧。

如果我们同时在多个生活领域实现了协调，就达到了协调与和谐的状态。

焦虑 ←—————————→ 协调与和谐

压力状态

压力和焦虑不是同义词，不适和压力也不是同义词。弄清楚它们之间的区别是非常重要的。在我看来，压力是与某个具体的事件或情况有关，比如和一个吹毛求疵或傲慢无礼的上司打交道，比如必须在某一个最后期限截止之前完成某项工作，比如要参加一场重要的考试或求职面试等。在这些情况下，我们都会感受到压力，而且导致压力的因素可以清楚地归结到具体的情况。因此，压力的根源是明确的、具体的。相反，焦虑未必是由具体事件或情形引起的，而是由生活中不断积累的失衡现象引起的，这个累积过程是持续的、自发的，而且不会因为某些具体事件或情形而终止。随着时间的推移，失衡现象越来越严重，产生的负面影响越来越大。压力水平却可以因一个特定事件而上升或下降。

虽然焦虑和压力不是一回事，但二者之间有着非常密切的联系。如果焦虑水平没有得到妥善的管理，我们会变得更加紧张，从而更容易受到压力的影响。请回想一下我们在前面提到的珍妮特的情况。她的焦虑水平原本就已经很高了，而行程延误又给她施加了意想不到的压力。如果分开来看，无论是原先的焦虑，还是行程延误引发的压

力，都不足以导致她出现恐慌反应，而两者结合在一起就激发了她的生存本能，使其跌入了心理不适区。

相反，如果我们学会了如何更好地管理焦虑水平，那么在面对"压力事件"时，我们就能在更大程度上控制住自己的反应，从而降低这类事件的负面影响。为了便于理解，我们也可以设想焦虑在以某个速度在我们的体内不断增加，而这个速度会受到压力事件的影响，而且临界速度为每小时 60 英里①，当焦虑水平增速低于这个临界速度时不会产生危害，如果超过这个临界速度就会产生危害。如果焦虑水平较低，则其增加的速度可能是每小时 20 英里，当焦虑水平正在以每小时 40 英里的速度逐步增加时，突然遇到了一个压力事件，那么其增加速度可能就会提高到每小时 70 英里，超越了每小时 60 英里的临界速度。而超过了这个速度，就意味着你的身心能敏锐地产生不适感。当焦虑水平增速继续提高，比如提高到每小时 90 英里时，肯定会对我们的生存构成一定的威胁。

在现实生活中，虽然你可能会发现某些具体的事件或情形是导致压力的根源，但你可能不会注意到压力和焦虑的区别。总体来讲，二者给人们带来的感觉是类似的，主要包括慌张、烦躁、不安、不耐烦、紧张、疲劳的一种或多种。但必须认识到我们所有人都存在一定程度的焦虑，而且焦虑和压力之间的某些互动方式会影响我们的不适感。

---

① 1 英里≈1.6 千米。——编者注

我们背负的压力越大，焦虑水平就越高，出现不适感的可能性也就越大。不适感越强烈，生存本能被唤醒的概率也就越大。随着生存本能被唤醒的频率越来越高，我们对不适因素的忍耐能力就会降低。换句话讲，唤醒生存本能所需的不适感越来越低。随着我们对不适因素的本能反应越来越强烈，我们的恐惧感只会越来越严重、越来越深化。

不适因素对不同的人会有不同的影响。我们都知道，有些人能够更好地应对生活中的风风雨雨，能够成功地处理好较高程度的不适感，也就是说，当不适感以较快速度加剧的时候，他们也能很好地加以应对，而有的人对不适感的忍受能力则很低。然而，人们对不适感的忍耐能力会发生变化，如果一个人一直在不停地应付各种不适因素，最后自己对不适感的忍耐能力反而可能会降低，而如果一个人学会了如何以健康的方式去处理不适因素，则他们对不适感的忍耐能力反而会提高。

了解这一点是非常重要的，因为很多人认为严重的不适感最终肯定会让人变得更加坚强，有些人甚至说"那些杀不死我们的，会让我们更坚强"。实际上并非如此。长期处于逆境往往会使人的意志弱化，而不是强化。只有当人们能够管理较高程度的不适感时，持久的痛苦或逆境才会产生积极的作用。但如果不适感得不到妥善管理，则人的身心就会过度敏感，即使轻微的不适因素也会引发强烈的不适感。而且，当我们对不适因素的敏感度提升之际，激发生存本能所需的不适程度会越来越低。

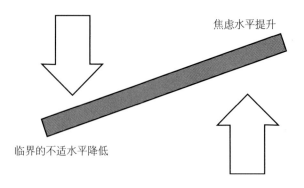

焦虑水平提升

临界的不适水平降低

为了对我的观点进行概括性的诠释，我们再看一个例子。

安德莉亚在一家大型的好莱坞影城担任高级管理人员。由于承担着重大职责，工作对她提出了严格要求，夜里和周末加班已经成了家常便饭。然而，久而久之，她发现即便工作已经完成，自己仍然留恋着电脑，宁愿回复一些无关紧要的电子邮件也不愿离开。这种情况很容易提高她的焦虑水平，不仅延迟了就寝时间，还促使她养成了不良的饮食习惯，因为她很少有时间去关注健康饮食。但是，她并不讨厌自己的工作与职责，而是很喜欢，说"拥有这份工作是很幸运的事"。所以，她并不认为这份工作会给她带来压力。然而，随着时间的推移，焦虑水平的不断提升便开始导致她的生理需求和心理需求之间产生了严重的失衡。在大多数时间里，她并没有注意到她的焦虑水平在悄无声息地上升，甚至当她觉得疲劳、在早晨感觉头昏时也没有意识到。但最终这种生活方式产生了严重的副作用。在早上起床的时候，她有时会感到一些轻微的疼痛。这些初期的症状都表明她的焦虑水平开始超越她的承受能力，并开始导致不适感。最初，她毫不重视自己的症状，而且轻描淡写地将其解释为自己年龄增长导致的必然结果。

直到遭遇了一场"莫名其妙的突然发作"，她才不得不开始注意悄然提升的焦虑水平。当时，她正在亚特兰大参加一个夏季工作会议，空调发生了故障，导致会议室又闷又热，她突然觉得自己好像要窒息了。她仓促地退出会场，不停地朝自己脸上泼冷水。这个时候，她还注意到自己心跳加快、呼吸短促、轻微头晕，而且容易动怒和伤感。这些症状清楚地表明她的生存本能已经受到刺激而开始发挥作用了。

这个事情过去之后，她又认为这可能只是一个随机事件，以后不会再发生，但后来，只要会议室有点闷热或者空气循环状况不佳，同样的症状就一次又一次地出现。她不停地流汗，并感到心慌焦虑。换句话讲，到这个时候，只要轻微的或普通的不适就能刺激到她的生存本能，从而导致类似的症状向她袭来。在参加亚特兰大那次会议之前，安德莉亚曾经在闷热的会议室里开过很多次会，但从来没有出现过这种强烈的反应。因此，在她看来，目前的症状的确很奇怪。但实际上，仅仅一次经历根本不足以引发这些令人不适的恐慌反应，对于安德莉亚是这样，对于其他大多数人也是这样。她之所以在亚特兰大产生那些反应，实际上是各种因素共同作用的结果，严重的焦虑、生活失调的长期累积以及闷热的会议室等因素结合在一起，导致她的生存本能被迫采取防御措施，从而导致她陷入了心理不适区。

这个案例很有意义，也很有代表性，因为长期以来安德莉亚的焦虑和不适一直在持续提升。大部分时间她都能安然无恙，因此很容易忽略掉。然而，在闷热的房间中，这种不适感超出了她的承受范围，就激发了她的生存本能产生了恐慌反应。从此之后，低度的不适感乃至对不适感的预期就足以刺激生存本能发挥负面作用了。

如果安德莉亚从一开始就觉察到了焦虑和不适日益严重的事实，那么她就可能不会出现这样的反应，因为如果这些问题得到了妥善的管理，坐在闷热的房间里最多只会带来一些令人讨厌的感觉，而不会引发任何严重的后果。我在帮助安德莉亚的过程中，所做的工作就是为了提高她对不适感的忍耐能力，帮助她重新训练她的生存本能，使其能够区别什么是真正的生存威胁，什么是无足轻重的烦心事，从而学会以健康的方式管理她的焦虑。

人们普遍存在这样一种误解，即如果自己没有意识到焦虑的存在，那么这种焦虑肯定不会带来任何危害，而实际情况却恰恰相反。我们的焦虑可能悄无声息地对身体产生着巨大影响，而我们没有出现任何明显的症状，所以会对此浑然不知。但我们的身体内部却能受到强烈的影响，导致血压或血糖水平升高，所有这些在一定时期内都可能不会被发现。而如果这种情况长期持续下去，最终的结果就是我们的生存本能被激发出来。我在前面讲过的安德莉亚的案例就是如此。

过去预示着现在与未来

　　一切都是相对的。我说这句话的意思就是，我们现在对不适因素的体验经常受到过去经历的影响。比如，如果我们之前曾经在某种情形下感到了恐惧和焦虑，或者无法表现出良好的状态，或者无法集中精力，那么以后身处类似情形的时候，就有可能出现同样的情况。我们可以换个角度来理解这种现象。请想一下，当你听到一首熟悉的老歌时，会发生什么样的情况呢？你肯定会回想起很多往事。人们对音乐的体验如此，对不适因素的体验也是如此。因此，我们当前对不适因素的体验可能会因为过往的经历而被放大，当我们面临不适因素时，过去的不适经历更容易导致恐惧感的加剧和安全感的缺失。

　　我还想指出的一点是，人们往往倾向于从绝对的角度去感受和理解"不适"，也就是说，我们要么舒适，要么不适，而没有介于两者之间的状态。实际上，人们在很长一段时间内都有可能存在一定程度的不适，然而后来突然发生了某件事，导致不适水平突然提升，超出了我们的忍受能力。但不适并不像我们所想象的那样绝对，而是一个时而加强、时而减弱的过程。我们的目标就是掌握好自我调节的心理技巧，无论不适水平有多么糟糕，都能进行有效的管理。

　　那么不适因素究竟是如何对生存本能构成挑战的呢？是什么因素导致我们的生存本能过于敏感呢？我在前面已经提到过一些，主要原因在于我们的大脑没有能力应对现代文明带来的挑战。现在，我们要

从根本的细节上去探究这个问题的答案，首先看看我们的大脑边缘系统的生理机制，分析一下它为什么容易导致生存本能出现过度反应。如果我们能了解不适因素作用于生存本能的过程，就可以在此基础上控制住自己的生存本能，达到趋利避害的目的。

第4章
生存本能的位置——恐慌心理的生物学根源

在前面几章里，我们讨论了焦虑和不适对生存本能的影响，现在，我们将注意力转向其作用机制。正如我们之前已经讨论过的那样，人的身体和心理都在不断地寻求平衡。但我们所追求的这种平衡感往往是稍纵即逝的，而且令人遗憾的是，长期的焦虑状态也会破坏我们的平衡感。虽然焦虑形成的部分原因是我们与外部世界之间存在不协调现象，但主要起源于我们内部的失调，比如机体细胞的失衡、人体内生物化学变化过程的失衡、神经系统的失衡，甚至大脑的失衡。事实上，大部分反应过程都集中在大脑里。一旦焦虑超出了人的管理能力，我们的身体和心理都将感到不适。问题是，这一连串微妙

而深刻的事件究竟是如何发生的呢？为什么会存在这样一个反应过程呢？这就是我们接下来要探索的内容。

人类大脑的三个组成部分

事实上，我们人类的大脑可以区分为三个功能各异的部分：大脑核区（掌管生理功能的"生理脑"）、大脑边缘系统（控制情绪的"情感脑"）和大脑皮质（用来思考的"思维脑"）。可以说，我们拥有三个大脑，这是人类值得自豪的事情。这三个大脑反映了人类在不同历史阶段的进化和演变。大脑核区部分是我们的第一个大脑，也是最古老的大脑，其存在的历史可以追溯到人类还是爬行动物的时代。目前，爬行动物和鸟类也具有这部分大脑。对人类而言，这部分大脑包括脑干和小脑。毫不奇怪的是，这部分古老的大脑支配着人类非常基本却又至关重要的机能，并从我们的整个机体直接接收各种信息的输入，根据这些信息主导着我们的机能。比如，脑干主导着我们的心跳、呼吸、血压、血液循环、消化以及众所周知的"战逃反应"。脑干包括延髓、脑桥、顶盖、脑干网状结构以及大脑脚盖。小脑主导着我们身体各项运动的"编排"。大脑的这个区域有时被称为"R–复合区"[①]或"爬行动物脑"。这部分大脑的一个突出特征是它仅仅本能地、自发地掌管着人类根本的机能，比如呼吸、心跳、运动、睡眠、平衡、早期感觉系统等，而不能控制人们的情绪。它为我们所做的一切

[①] 这里的 R 是"爬行动物"的英文名称 reptile 的缩写。——译者注

都是自发的，不需要我们去思考或感觉什么。

直到从爬行动物进化成哺乳动物，大脑才进入了一个新的进化阶段，这个新发育的大脑部位就是大脑边缘系统，它位于脑干和小脑的上部，也就是说，位于大脑核区的上部。大脑边缘系统从脑干接收信息，并根据这些信息操纵着人们的情绪反应。这就是为什么人类、灵长类动物、狗、猫和海豚等哺乳动物的世界里都有情绪反应。但是，如同脑干一样，大脑边缘系统的反应通常也是无意识的和自发的。

在下一个进化阶段，哺乳动物的大脑开始了新的进化，进化的结果就是形成了大脑皮质，位于大脑边缘系统的上部。哺乳动物的进化程度越高，大脑皮质越大。大脑皮质越大，大脑功能越发达。人类大脑皮质的外层有很多褶皱，这就是大脑皮层。人的智力和大脑的褶皱有关，大脑的褶皱越多，智力水平越高，思维能力越发达。正是这部分大脑使我们具有了更高级的推理能力，即分析思维能力、逻辑推理能力、问题解决能力、抽象思维能力和规划未来的能力。

如同文明的进步一样，人类大脑也是从原始状态朝着更加先进的状态进化的，每一个新的、更好的大脑都位于原有大脑的上部。正是得益于这种进化过程，人类才获得了新的手段与能力来提高自己的生存能力。换句话说，每一个新的进化阶段都能为我们人类提供一个更好的、更敏捷的大脑，可以帮助我们延长寿命，提高自我保护能力。随着大脑皮质的发育，我们突然发现自己能够更好地控制大脑边缘系统的冲动，或者说可以更好地控制自己对这个世界的情绪反应。大脑

皮质总是试图调节并控制其下面较为古老的大脑边缘系统，这就是大脑自上而下的感知机理。但正是由于这种感知机理的存在，大脑皮质和大脑边缘系统总是认为自己的事情比对方的事情更重要，所以它们试图控制对方，结果导致人脑产生了很多内在的问题。具体来讲，大脑皮质认为自己比大脑边缘系统更聪明，往往借助自己的逻辑推理能力否定大脑边缘系统的情绪要求，并对大脑边缘系统进行过度的控制。而大脑边缘系统则觉得自己的需求更加迫切，不愿意服从大脑皮质施加的逻辑推理的节制，并通过促使人体产生各种情绪反应来实现自己的需求。就这样，大脑这两个部位就陷入了持续斗争的状态。虽然从整体上来讲大脑希望寻求平衡，但要缓和大脑皮质和大脑边缘系统之间的斗争绝非易事。虽然持续的平衡难以成为现实，但我们发现这两部分大脑的相对影响力呈现出了此消彼长的变化趋势。然而，我们的最终目标就是让大脑中这两个相互独立的部位按照协调的、和谐的方式相互配合，实现具有可持续性的整体平衡。

我在前面还简要提到过，大脑边缘系统就像我们的"爬行动物脑"一样，主要操纵着人类基本的生存功能，为我们提供较为原始的情感状态，尤其是愤怒和恐惧。需要注意的是，这些原始的情感是非常纯粹的，它们的产生无须经过大脑的分析、思考或解释。换句话说，它们的产生是自发性的和反射性的。由于大脑边缘系统从脑干接收信息，所以它能够非常迅速地促使人们产生非常原始的情绪反应，以达到实现自我保护与生存的目标。大脑边缘系统与自主神经系统及内分泌系统具有密切联系，我们稍后将会进行探讨。大脑边缘系统内部一个引起大量关注的部分就是杏仁核。杏仁核，又称"杏仁体"，是大脑边缘系统的一部分，是负责产生恐惧与愤怒等情绪、控制学习与记忆的脑部组织。在利用动物进行的科学研究中，科学家们切除动物的杏仁核之后，发现它们已失去了采取攻击行为的能力，甚至丧失了做出恐惧反应的正常能力。由于同样的原因，当科学家们刺激动物大脑的这一组织时，取得了相反的效果，动物表现出更多的攻击行为。

从解剖学上来讲，大脑边缘系统包括下丘脑、海马、杏仁核和伏隔核（伏隔核也被称为"大脑的快感中心"）等。因此，在大脑边缘系统内，我们能找到饥饿、疼痛、嗜睡、愤怒、恐惧和快乐等原始体验的根源。大脑边缘系统的核心部分是基底核，基底核包括伏隔核和腹侧纹状体，这两部分脑体组织对人类行为具有至关重要的影响，因为它们能分泌一种名叫"多巴胺"的神经递质和名为"内啡肽"的天然镇痛剂。多巴胺是大脑产生的一种化学物质，是神经传导物质，承担着脑内信息传递者的角色，帮助细胞传送脉冲，对人的习惯和嗜好具有强烈影响。内啡肽会影响到人们对这些习惯和嗜好的体验，尤其是愉快的体验。

当我们经历能够愉快的事情时，这些大脑化学物质强烈地影响着大脑的其他部位和整个身体，促使我们采取一切有可能的行为去寻求刺激，以创造愉悦感。让我们来举个例子。许多人发现自己在巧克力

面前无法自已。这种现象有它的生理学根源：只要一想到或一看到巧克力，大脑边缘系统就会受到刺激，从而分泌更多的多巴胺。每当这两种情况（即看到或想到巧克力以及大脑分泌多巴胺）同时出现，这两件事情之间就会催生出更多的能量（这种情况也会发生在恋爱关系中，特别是在早期恋爱阶段。一看到或一想到新的伴侣，大脑就会分泌出更多的多巴胺，从而给人们带来兴奋的体验）。而当我们真正吃到巧克力之后，就会刺激大脑的"快乐中枢"，导致大脑分泌出更多的内啡肽，从而进一步加强我们对巧克力的爱好。关于多巴胺的一种有趣现象是，一旦我们得到想要的东西，比如当我们真正吃到巧克力之后，它的分泌水平就开始下降。因此，真正导致多巴胺分泌水平增加的是我们对巧克力的心理期待，而不是真正食用巧克力（我们都知道，在恋爱关系中，随着时间的推移，多巴胺的分泌会逐渐减少，最初阶段的感情也会变淡）。

相似地，暴食症在很大程度上也是由体内多巴胺分泌水平异常导致的。体内多巴胺水平较低的人，更有可能为寻求快感而暴饮暴食。比如，长期食用高热量食物之后，人体内的多巴胺水平就会下降，导致不适感增强。为了恢复多巴胺水平和舒适的感受，他们就不得不寻找自己非常渴望的食物，也就是最初导致成瘾性的那种食物。当然，这会导致暴食者陷入恶性循环：降低的多巴胺导致他们想要多吃一些，而一旦得到自己想要的食物，又会进一步降低他们的多巴胺水平。

另一方面，当大脑边缘系统体验到恐惧时，也会引发一个类似的过程。具体地讲，当我们变得害怕时，一种名为"促肾上腺皮质激素释放因子"（corticotrophin-releasing factor, CRF）的物质就会在大脑边缘系统的不同部位被分泌出来，尤其是下丘脑和杏仁核这两个部位。促肾上腺皮质激素释放因子一旦被分泌出来，就会促使人体产生一系列应激反应，因为这个过程还涉及垂体和肾上腺，所以在科学界，该过程被称为"下丘脑—垂体—肾上腺轴"（HPA轴）。下丘脑分泌促肾上腺皮质激素释放因子，进而刺激垂体产生促肾上腺皮质激素，促肾上腺皮质激素促进肾上腺皮质的组织增生以及皮质激素的生成和分泌。皮质激素的主要功能是调节动物体内的血糖水平和免疫机能。肾上腺还会做出进一步反应，分泌出其他肾上腺皮质激素，比如肾上腺素和去甲肾上腺素，从而激活交感神经系统。这就是经典的"战逃反应"的生理学机制。在这个过程中，你的心跳速度加快、血压升高，从而改变了全身的血液循环。但是，这个过程中一个非常有趣的现象就是，促肾上腺皮质激素释放因子的激活行为会降低多巴胺分泌水平。因此，我们的恐惧反应不仅会导致身体不适与情绪不安，还会导致多巴胺的减少，进而造成非常消极的、烦躁的感觉。此外，如同多巴胺分泌水平激增会巩固某些引起愉悦的行为一样，这种多巴胺分泌水平下降的反应过程也会巩固某些引起不适和恐惧的行为，因为令人愉悦的循环过程会促使我们通过某些行为维持快感，而这种不适和恐惧的循环过程会促使我们想方设法结束不适。我们内部形成的这种终结不适和失衡的强烈欲望，是我们保护自我、实现安全的一个

基本方式。具有强大网络的大脑边缘系统会不惜一切代价维护我们的安全，这是一个无法否认的需求，就是我们所说的生存本能。

因此，在我们的焦虑水平和不适水平越来越高并触发生存本能的过程中，一个非常重要的原因就是多巴胺分泌水平在下降。不适水平提升的时候，多巴胺分泌水平就会下降，而多巴胺分泌水平的下降又会提升不适水平，从而导致我们陷入了一个恶性循环。这就解释了为什么暴食症患者越吃越多或恐慌症患者越来越恐慌，而且虽然某些情形不会对他们造成伤害，但由于会消耗掉体内的多巴胺，所以恐慌症患者仍然竭力逃避这些情形。这些强烈的反应都是以大脑边缘系统的反应为基础的。无论是难以抑制对食物、性、毒品和酒精的强烈渴望，还是"下丘脑—垂体—肾上腺轴"引发了强烈的恐惧或愤怒，归根结底地讲，这些现象都表明大脑内部出现了失衡或失调状态。这些反应可以不知不觉地在大脑和身体内部催生其他失衡现象，进而引发新的问题，而不是解决原有的问题。

简而言之，快乐与痛苦会对大脑边缘系统产生强烈的影响，久而久之，便导致我们的生存本能变得过于敏感，在原始社会，这一点无疑有利于我们保护自己。但随着时间的推移，人类社会变得更加复杂和高级，原始社会那些能够威胁到人类生存的因素基本上都不存在了，而人类的生存本能并没有随之进化，仍然像以前那么敏感，无法准确地识别各种威胁因素的微妙差异，以至于不分青红皂白地把那些引发不适的因素视为了生存威胁。比如，如果你觉得不舒服，那么你的大脑边缘系统就会将其解读为"你的安全受到严重威胁"的一个信号，然后催生一系列剧烈的行动以应对或规避危险，并保证你的安全。从本质上来讲，出现这些问题的原因就是你的大脑边缘系统无法有效地评估不适或恐惧的严重程度。因此，这种原始的生存本能并不适应更加复杂的人类社会与现代文明的要求。但由于生存本能往往不加区别地把所有不适与恐惧都视为终极的生存威胁，生存本能带来的问题是难以避免的。

更严重的一点是，当人们发现自己陷入多巴胺不断减少的恶性循环时，不得不采取某些行为来暂时缓解自己的不适（比如暴食症患者会暴饮暴食，上瘾症患者会放纵自己），结果导致未来出现恐慌反应的可能性大大加强。促肾上腺皮质激素释放因子的长期分泌最终彻底破坏了大脑中的多巴胺受体。这种恐慌性的心理感知过程变得越来越敏感，以至于不需要许多不适因素就能引发恐慌，并激发生存本能，导致我们做出一系列的本能反应来保护自己。简而言之，我们越是感到不适，出现恐慌的可能性就越大，而我们越恐慌，就越不适。这两股力量相互加强，形成了一个恶性循环，导致人们深陷其中而难以自拔。

大脑边缘系统的影响往往超过大脑皮质的影响

由于我们的大脑边缘系统很难辨别恐慌因素的严重程度，所以，"新大脑"（即大脑皮质）的出现就为我们提供了一种必要的平衡，在

一定程度上缓解了大脑边缘系统的不良影响，这给我们提供了更多更好的生存技能。正如我之前所描述的那样，作为人类"大脑"的最新组成部分，大脑皮质在更大程度上承担着思考性、分析性、理性和逻辑性的功能。这部分大脑一个非常重要的功能就是调节从大脑边缘系统传输过来的信号，解读原始的情绪和反应，确定其真实的严重程度。具体来讲，大脑皮质包含着一些十分重要的组织，其中一个就是前额皮质，因为前额皮质的主要功能就是平衡大脑边缘系统的冲动。就像一个公司的首席执行官同时指挥诸多分支机构和职能部门一样，大脑皮质能够同时分析大脑边缘系统对外界刺激因素做出的冲动性的、恐慌性的反应，看看这些反应是否合适、是否有必要。同时，它还能调节人们对快感的追求。所以，我们可以看到，随着人类的进化，随着人类文明和社会越来越发达，大脑皮质的功能也就显得尤为重要。它不再以非黑即白的绝对标准去评判外界不适因素是否会对人类生存构成威胁，因此缓和了生存本能的负面影响，让我们以更加灵巧的方式生存在这个世界上。

然而，要维持大脑边缘系统和大脑皮质之间的平衡，往往不是件容易的事。事实证明，这两部分不会互谅互让，它们之间的信息传递量并不是均等的，从旧大脑传递到新大脑的信号数量远远超过了从新大脑传递到旧大脑的信号数量。因此，就各自的力量而言，大脑边缘系统超过了大脑皮质。导致这种现象的部分原因可能是大脑边缘系统的进化时间比较早，能够让我们自发地、非常迅速地应对危险因素，而不必专门拿出时间来处理危险信号。曾几何时，当我们的生活经常出现危险因素时，大脑边缘系统的确会有益于人类生存，但我们知道，危险因素现在非常稀少。由于大脑边缘系统与大脑皮质之间的力量对比一直存在失衡，所以，大脑边缘系统，或者说我们的生存本能，就占据了上风，压倒了我们更理性的、能思考的大脑皮质。这就是本能反应往往优先于思考过程的原因所在，也解释了为什么大脑皮质难以控制住大脑边缘系统。这样一来，结果就可想而知了，我们必然会遭到生存本能的摆布，而且生存本能在现代生活中经常会出现反应过度的情况。

此外，还有一个重要的事实需要指出，即由于大脑边缘系统与交感神经系统具有更为直接的关联，其脉冲可以直接绕过大脑皮质，所以，我们经常发现自己的身体会莫名其妙地出现强烈的反应。比如，你有没有发现自己会突然心跳加速、身体发热或者出汗，当时不知道为什么，只是后来才找到原因？这种现象可能是因为你听到了别人说的某一句话，闻到了某一种气味，或者是被某种事物触发了对往事的回忆。请注意，当你出现本能反应的时候，你还没有意识到。所以，仅仅这些本能反应就足以给人体带来强烈的影响。

有几项研究分析了人类是否能够有效地调节大脑边缘系统传达出来的信息，其中比较有趣的是对于"饥饿反应"的研究，这种反应以大脑边缘系统的伏隔核（伏隔核也被称为"大脑的快感中心"）为中心向外辐射。在这项研究中，研究人员为一组女性分发了一种她们非

常想吃的食品，并告诉她们运用自己的认知技巧来控制大脑边缘系统对这种食物的反应。所谓认知技巧，主要是刻意告诉自己不饿，不应该吃那种食物。结果表明，当她们强迫自己运用认知技巧时，其大脑皮质的前额皮质会受到刺激，从而产生理性的力量阻止她们的食欲。然后，研究人员借助正电子发射层析扫描技术（PET）对这些女性的大脑进行扫描，以观察内部的电子活动，结果不仅发现她们的前额皮质受到了刺激，她们的"快感中心"也受到了刺激。因此，虽然这些受访的女性告诉自己不要对这种食物感兴趣，她们的大脑边缘系统却并不买账。

还有一些人把冥想者作为研究对象，希望通过对这个人群的研究来考察一下人类是否能够有效地改变大脑边缘系统向大脑皮质输入的信息。毕竟，如果冥想者能够非常有效地控制自己的意识，那么可以合理地推测他们能够比较好地控制其大脑边缘系统对外界刺激因素的反应。有趣的是，一些研究表明，有经验的冥想者的确可以在一定程度上影响自己的岛叶皮质和杏仁核的结构。但即便如此，多数研究证明，冥想者需要付出很大的努力才能达到这样的效果，才能充分调节大脑边缘系统向大脑皮质输入的信息。

极端情况表明大脑边缘系统占据主导地位

大脑边缘系统对人类的影响力远远超过了大脑皮质的影响力。创伤后应激障碍（PTSD）这种极端的情况就能很好地说明这一点。最近这几年，随着很多参加过伊拉克和阿富汗战争的士兵陆续回国，这种疾病越来越为人熟知了。它恰如其分地说明了大脑边缘系统出错的后果：大脑皮质无法管理和控制大脑边缘系统的敏感性，也无法调节来自大脑边缘系统的信息，人们只得完全听从生存本能的摆布。科学家们研究了创伤后应激障碍对大脑不同区域的影响，结果发现老兵们的大脑皮质在控制大脑边缘系统的信息方面不像正常人那么有效，而大脑边缘系统的影响力更加强大，结果导致大脑在很大程度上失去了平衡和协调。

塔夫茨大学的莉萨·希恩（Lisa Shin）博士领导的一个研究小组也发现了类似的现象。他们注意到，创伤后应激障碍患者的杏仁核往往存在反应过度的情况，而大脑皮质或者说前额皮质的反应能力则有所降低。这就意味着这些患者的大脑无法像正常大脑那样有效地处理某些需要用到逻辑和理性的情况。相反，他们主要是受到大脑边缘系统的驱使，生存本能也经常会受到刺激而发挥作用。其大脑皮质几乎陷入了瘫痪，无法主导人们对外界事物的反应方式。

另外一个例子就是人们对于当众发表演说的恐惧。得知自己患有癌症与当众演讲发表演说，哪一个更可怕呢？如果你问别人，肯定有很多人选择后者。虽然很多人心里也清楚自己对当众演说的恐惧感其实是不理性的，但当他们真正面对一大群听众的时候，就会不由自主地陷入极度紧张恐慌的地步。这些听起来可能不太符合我们的直觉，但如果考虑一下当众演说意味着什么就不会这么觉得了。当众演说就

意味着自己必须接受别人的评判、想要获得别人的接受和认可，而且有可能遭到别人的否定。对于生存本能异常敏感的人而言，大脑边缘系统会把这些情况解读为对生命的终极威胁，从而对异常敏感的生存本能造成重大刺激，生存本能激发一系列强烈的本能反应，而由于人们的本能反应深深地根植于大脑边缘系统，所以，这就很好地解释了为什么大脑边缘系统压倒了具有逻辑推理功能的大脑皮质。

这也有助于解释为什么创伤后应激障碍患者会出现怪异的、不理智的行为。2012 年，有一则新闻报道说一位名叫罗伯特·贝尔斯（Robert Bales）的美国陆军上士在阿富汗开枪打死包括妇女和儿童在内的 17 名平民。消息一出，媒体立即就开始怀疑这位士兵可能患有创伤后应激障碍。真实原因肯定不止创伤后应激障碍这一条，还有其他很多原因，但当我在撰写这本书的时候，我们仍然不知道究竟发生了什么。但如果我们可以看透贝尔斯上士在射杀平民那一刻的大脑活动，我们很有可能会看到他的大脑皮质已经崩溃，无法生成理性的力量，而他基本上完全受制于大脑边缘系统的摆布，生存本能受到强烈刺激，促使他把枪口对准了平民。

如果大脑皮质不能有效地管理大脑边缘系统做出的过度反应，那么你就不能有效地控制你的恐惧感，也不能准确地衡量恐惧感的严重性或危害性，这就为生存本能发挥作用埋下了伏笔。如果我们不断遭遇不适和恐惧，那么久而久之大脑内部原有的平衡机制就可能受到损害，由此导致的一个不幸结局便是大脑边缘系统时刻处于激活状态，我们对大脑边缘系统的控制能力越来越低。不适状态维持的时间越久，我们对不适因素的敏感度就越高，我们的生存本能就越有可能经常"启动"。最终，引发恐惧反应并激发生存本能所需的不适感越来越低，大脑边缘系统的反应受到的调节越来越少，生存本能和不适感在我们生活中发挥的作用越来越大，对我们的行为方式和机体内部的化学反应机理施加的控制也越来越大。

另外一个非常重要的问题就是，当大脑边缘系统体验到恐惧并引发交感神经系统的"战逃反应"之后，创伤和恐惧就会更加深入地根植于大脑和身体之内。这就解释了为什么创伤性事件或经历可能导致人的情绪和行为发生巨大变化。大脑和身体在经历创伤之后会有所"进化"，这些进化会让我们深刻地铭记这些威胁生命的情况，这样我们就可以在未来避开它们，从而实现更大程度的安全。不幸的是，大脑边缘系统和交感神经系统之间的关系是根深蒂固的，从而导致我们很难实现安全，反而越来越容易受到外界刺激因素的影响。

为了说明问题，我们再举一个例子。请想象一下，假如你在坐飞机回家的途中突然遭遇了极端的颠簸，引发了强烈的恐惧感，同时，其他乘客的恐惧和担忧又深深地感染了你，结果导致你产生了强烈的交感神经反应。你很可能会发现，从那以后，自己对坐飞机形成了深刻的恐惧。正如一句老话所说的那样，跌下马背要跃然而起，意思就是在经历挫折之后，要立刻振作精神重新开始。如果你无法立即克服跌下马背的恐惧感，你就可能对马和骑马形成永久的恐惧。恐慌症和

焦虑症容易发作也是由于这个原因。如果在拥挤的公路上产生了焦虑，那么以后再处于同样的环境中时，你肯定还会担心恐慌症发作。

已故心理学家唐纳德·赫布（Donald Hebb）认为同时发生的事情将会产生联系。换句话讲，如果两件事情同时发生，它们就会在大脑内部形成一定的关联性。因此，即便是两个相互独立的事件同时对大脑的两组神经元产生了刺激，仍然会在大脑中形成一定的联系，而且这种联系是长期的，一旦未来遭遇到其中一个情景，就会触发神经元联想到另外一个情景。所以，当司机在公路上出现恐慌时，未来在同样路况下，神经网络很有可能继续使他体验到同样的感觉。

为什么会发生这种情况呢？因为在这种情况下，司机体验到的恐惧感非常强烈，以至于这种感觉和在高速公路上驾驶这两个事物之间形成了固定联系，导致未来在类似情景下驾驶就会出现类似的感受。事实上，这种感受还会扩展到其他情形下的驾驶体验，比如在公路上驾驶或在你的社区里驾驶。即便从大脑皮质角度来看这种感觉的形成并不合乎逻辑，但大脑边缘系统的生存本能现在牢牢地控制着人的机体，它会把任何可能引起恐惧和危险的驾驶行为解读为潜在的死亡威胁，所以未来会竭力避免这些情形。

那么，有没有什么办法来操控这些神经网络呢？很多研究都得出正面的结论，认为这种办法是存在的，人们完全有可能阻止创伤事件产生破坏性的影响，并改变它们对大脑边缘系统形成冲击。从本质上来讲，要缓和甚至完全抑制恐慌反应是能够做得到的。β-受体阻滞剂等药物可以通过干扰交感神经系统来实现这种目标，大幅缓解受伤经历的负面影响，减轻应激反应，大大加快人们康复的速度。

我们的基因承担着风险

生存本能会令人们陷入恐慌，而在表观遗传学领域，越来越多的数据表明，恐慌这种外在因素其实会改变我们的基因表达方式。表观遗传学是一个新兴的研究领域，其研究对象是非基因序列的改变导致基因表达方式发生的变化。虽然终其一生，人类所有细胞的基因都是固定的、相同的，但现在有证据表明，人体细胞内的基因在表达方式上并不是完全一样的。同样的基因在不同细胞内的表达方式可能完全不同。在我们的生活中，这些基因表达方式的变化一直在持续着，但会受到我们所处环境的影响。我所说的"环境"，不仅仅指那些能够改变基因功能的传统毒素和污染物，还指其他能够影响基因表达方式的外部因素。比如，从表观遗传学角度来看，虐待儿童会给儿童造成创伤和恐惧，在儿童大脑内留下深刻的印记，强烈影响到基因对"下丘脑—垂体—肾上腺轴"的控制方式，最终改变这些脑部组织对外界刺激的反应模式。

表观遗传学的研究内容之所以与人类的不适和生存本能具有特别密切的关联性，是因为大脑的"下丘脑—垂体—肾上腺轴"与"战逃反应"密切相关，而战逃反应是生存本能最明显的体现。这样一来，我们可以看到长期的恐惧和不安对基因变化的影响，进而发现

生存本能变得过于敏感的原因。研究人员不仅发现虐待儿童会改变其基因表达方式，并改变其未来对外界恐慌因素的反应，还发现这些变化与儿童的自杀倾向有着紧密的联系。根据加拿大魁北克麦吉尔大学的研究人员迈克尔·米尼（Michael Meaney）和默舍尔·斯兹夫（Mosche Szyf）的研究结论，基因的功能并不像先前所想的那么固定。环境与基因之间的相互作用对于我们的抗压能力具有至关重要的影响，因此在很大程度上影响着我们的自杀倾向。这种相互作用的产物就是科学领域所说的"表观遗传标记"。因此，如果我们无法控制恐惧和不安，就会导致严重的后果，引起我们的基因出现重大改变。

如果大脑边缘系统长时期对外界刺激因素做出剧烈的反应，我们就会形成相应的行为模式和习惯来应对这些反应，这会让我们感觉失控和不知所措。如果没有有效的策略来管理我们的不适和生存本能，我们就会形成一些不良的习惯，这些习惯可能在短期内会给我们带来一些良好的感觉，但长期而言是有害的，会对我们的健康和生活产生深远的影响。

我所谈论的习惯不仅仅指某种给人们带来不便的行为或者陈腐的行为，而且指能够延长失衡感的习惯，能够导致我们无法有效管理大脑边缘系统的习惯。这些习惯更具危害性、隐秘性和普遍性。在下面这一章，我们将讨论为什么会养成不健康的习惯，并探讨如何驯服非常容易出现过度反应的生存本能。

第 *5* 章

坏习惯的形成——迷恋阶段、强迫阶段和上瘾阶段

　　提到习惯，我们都很熟悉。大多数人首先会联想到一些不会产生危害的习惯，比如饭前洗手或睡前刷牙。从心理学角度来讲，这些良好的日常习惯可以称为"适应良好的习惯"，或者说"好习惯"。换句话讲，这些习惯有利于我们更好地适应环境的变化，能够简化我们的生活，让我们有更多的精力去思考、去打理其他事情，从而实现更大的目标。还有些生活习惯能够帮助我们迅速做出反应，从而确保了我们的安全和生存，比如，开车时，如果你发现前面有一个大型障碍物，就会突然转向，而在变换车道前，你会习惯性地打开转向灯，当你突然需要停车时，就会习惯性地踩刹车。这些都是好习惯的典型例

子。这些习惯都是自发的，能够帮助你处理好最基本的驾驶任务，使你腾出更多的精力去思考更加复杂的事情。

然而，除了上述这些"适应良好的习惯"之外，还存在第二类习惯，即"适应不良的习惯"，也可以被称作"坏习惯"。这些习惯反映了世界上的失调现象，也就是说，如果按照这些坏习惯去处理某些要求或压力，不会产生积极的、有益健康的结果。下面这个文本框中列出了几类最常见的坏习惯。我们之所以容易形成这些适应不良的习惯，一个重要原因就是大脑边缘系统的反应无法得到妥善的管理，用科学术语来说，就是"调节障碍"。随着多巴胺水平的下降，我们的不适感和恐惧感也会随之加剧，致使我们被迫加以应对，而如果应对不善，就容易产生这些坏习惯。就其目的而言，这类习惯的目标就是管理内在的生存本能引发的恐惧感，或者将我们的注意力从恐惧感上转移出去。不幸的是，这些习惯并不会消除我们的恐惧感。相反，它们只能算得上短期性的策略，只能暂时地抑制恐惧感。如果多巴胺水平出现骤降，我们很有可能陷入这些不良的行为模式而难以自拔。在大多数情况下，这些习惯只是转移了我们的注意力，让我们暂时逃避了问题。下面我来解释一下。

五类常见的坏习惯 ‖ ‖ ‖ ‖ ‖ ‖

　　适应不良的习惯，或者说坏习惯，体现了我们的生存本能是非常敏感的，一丁点儿的不适因素就能将其触发。从根本上来讲，它们是营造安全感、控制感和舒适感的一种权宜之计，但最终会损害我们的健康。下面是五类最常见的坏习惯：

成瘾习惯：暴饮暴食，过量摄入酒精、咖啡因（包括能量饮料）、补品和药物，过度锻炼，性沉溺。

强迫性的习惯：反复检查，渴望组织、控制别人，强迫自己重复清洁（如洗手），无法自已地拉扯头发和抓挠皮肤。

病态习惯：经常伤风感冒、头疼、慢性疼痛、胃疼以及放松效应[放松效应指能够引发压力的事件（比如个人冲突、时间非常紧的项目或非常重要的考试等）结束之后，人们容易生病或出现不适症状的现象，这是"病态习惯"的一个类别，我在后面会进行详细探讨]。

失眠习惯：无法入睡，无法保持睡眠。

保护性和逃避性的习惯：比如各种恐惧症就属于此类。恐惧症患者会为了确保安全和免遭恐惧而竭力避免某些场景，典型例子就包括对飞行或封闭空间的恐惧。患有这两类恐惧症的人不敢乘坐飞机和电梯。疼痛也属于保护性的习惯。

首先，我们来看一看贝瑟尼的案例。她是好莱坞的一位高级经纪人。过去一年半的时间里，她发现自己的焦虑程度越来越高，生活变得越来越紧张。她的工作日程非常紧，给她提出了苛刻的要求，增强了她的紧张感。但奇怪的是，在非工作场合，在原本不必感到紧张的环境中，她也会感到紧张和焦虑。最终，贝瑟尼的焦虑水平超出了她的承受极限，她发现自己出现了各种不适的迹象，比如感到异常焦虑和烦躁。起初，她通过使用草药和维生素补充剂来应对自己的不适，比如缬草和 γ-氨基丁酸，希望以此来平抑内心的烦躁与不安。但如同许多人一样，长期不适使她的脆弱感日益严重。有一天，她坐飞机从东海岸回加州时，飞行途中遇到了颠簸，在这种情况下，她的长期不适最终爆发，促使她陷入了一种不良的行为模式。尽管贝瑟尼在之前的旅行中多次经历过颠簸，但这次却产生了不同的结果，因为她长期潜在的不安和飞机颠簸结合在了一起，唤醒了她的生存本能，使她觉得飞机要失事了，自己也将面临死亡威胁。她知道这样想是不符合逻辑的，她甚至告诉自己之前这种情况出现过很多次都安然无恙，但她的逻辑思维并没有压制住大脑边缘系统。她点了几杯酒精饮料来让自己恢复平静。尽管这帮助她熬过了此次旅行，但对飞行的恐惧已经在她内心深深地扎下了根，她无力克服这种飞行焦虑症，甚至只要一想到坐飞机，她就感到焦虑。

但贝瑟尼的工作要求她经常坐飞机旅行，到全国各地去见客户，所以这的确给她出了个难题。起初，她竭力克制住自己对飞行的焦虑，但她的飞行焦虑症却与日俱增，一想到要坐飞机，她就感到焦虑。有时焦虑比较缓和，有时却比较强烈，这种情况自然而然地导致了异常大的压力感，不久之后她便开始想方设法解决这个问题。起初，她尝试着在登机前喝点酒精饮料，这样的确能在一定程度上缓解她的不安和对飞行的恐惧，但不久她发现要缓解不安和恐惧，自己需要喝越来越多的酒精饮料。曾有一次，贝瑟尼和一位同事一同坐飞机旅行，那位同事说她似乎对酒精饮料有依赖性，这让她很尴尬。

这一事件发生后，贝瑟尼找到了她的家庭医生，医生为她开了一些抗焦虑药。事实证明，这的确有一些作用，大大减轻了她后来乘坐飞机时的焦虑。但她再一次形成了药物依赖，甚至要克制住自己不去想即将到来的飞行，她不得不在登机的三天之前服用药物。她还发现，要熬过整个旅程，需要服用的剂量越来越大。更糟糕的是，贝瑟尼开始竭力避免飞机旅行，到最后决定取消所有的飞机旅行计划，她给客户的借口是自己突然得了病。

正如你所看到的那样，贝瑟尼对飞行的恐惧给她带来的危害远远不止于使她养成了一种不良习惯。她先后借助酒精和药物来抑制她的恐惧，最后决定完全取消飞机旅行计划。从表面上看，取消飞行计划似乎并非坏事，但实际上这种做法体现了她对环境的不适应，反映了她不断增强的防御心理和戒备心理。一些坏习惯，比如药物依赖，起初可能有助于遏制恐惧，但随着时间的推移，药物的作用肯定会衰减，这是很正常的事情。有些时候，要想以绝对有效的、万无一失的方法去消除恐惧症，唯一的途径就是彻底规避那些引发恐惧的行为。

如果我们为了规避恐惧而形成了一些坏习惯，那么这些习惯就会对我们生活的其他很多方面产生冲击，原本健康的生活可能因此而遭到破坏。这种破坏的影响是隐秘而深远的。最初，贝瑟尼使用药物的目的只是为了让自己在坐飞机时放松一下，但后来就出现了滥用药物

的现象，为了减轻工作压力，她服用药物；为了缓解乘坐电梯的紧张感，她也服用药物，甚至为了让自己在睡觉前放松下来，她仍然会选择服用药物。正因为如此，滥用药物的生活习惯给她带来了严重困扰，她的生存本能也处于长期激活的状态。药物和生存本能就像是恐惧感的挡箭牌一样，但这种挡箭牌是脆弱的，只能提供短暂的庇护，很快就会失效，因为它是由稻草做成的，而不是钢铁做成的。然而，我们越是不愿意直面恐惧，越是采取这种无谓的应对手段，就越容易养成这些不健康的日常习惯和行为模式，到最后只会加重恐惧症和不适感。这些坏习惯本身会延续不适的状态，促使人们对短期的办法形成永久的依赖，而无法真正地解决问题。

我们感觉到不适的时候就会产生恐惧感，这是人性的体现。但我们的恐惧往往会触发生存本能，这又会促使我们采取某种行动来获取安全感。这种行动可能是培养某种能够暂时带来安全感的日常习惯或行为模式，但实际上，这是人们不愿意直面恐惧感的表现。我们越是选择逃避态度，恐惧感和不适感就越严重。

这些坏习惯只能暂时掩盖不适感及其背后的生存本能，但在我们的身体内部，不适感却在不断加强，就像癌症一样悄无声息地变得越来越严重。从某种意义上说，坏习惯无非是暂时分散了我们的注意力。同时，我们的大脑皮质也会接受这些习惯的合理性，进而忽略它们，以至于损害了我们的安全感。

从无害到有害

贝瑟尼的案例很有代表性，很多人在无法管理不适因素之后就会像她一样形成坏习惯。这些坏习惯最初可能不具有什么危害，但其影响会越来越严重，以至于最后彻底触发人的生存本能。在焦虑悄然增加的阶段，人们可能不会意识到它的存在，直到其超越了我们的承受极限，我们才开始体验到恐惧。很多坏习惯其实是人们为了管理在某一时刻感受到的恐惧感而做出的一种尝试，但在我们的生存本能看来，这种恐惧感过于强烈、过于可怕，以至于生存本能不得不促使我们采取一些短期性的解决办法。在大多数情况下，这些办法都需要借助外力。换句话讲，我们往往会通过服用药物或饮酒等方式转移自己的注意力，以便缓和恐惧感，逃避令自己感到不适的现实。因此，如果我们不依赖自己的力量去营造内心的安全感，那么我们就会依赖于借助外力创造安全。要缓解恐惧感并实现内心安全，就要学会利用内心的力量，学会运用信心、毅力或应变能力等内在资源。有很多方式可以达到这个目的，比如参加某些能缓解焦虑的活动，建立一个值得信赖的、能帮助自己的团队，使我们感到安全，感到放心（我们将在第二部分探讨如何打造并利用这些内在资源）。

正如我在前面一直描述的那样，一旦理性的大脑皮质听从了非理性的大脑边缘系统的摆布，我们的生存本能就会受到刺激，从而催生出一些不健康的行为方式，这种情况会让我们很难进行有效的应对。

我们的大脑皮质无法控制或平衡大脑边缘系统的反应，一旦对外在的安全形成依赖，那么我们运用内在资源营造内心安全的信心就会进一步受到破坏，这样我们非但不会获得安全，还丧失了利用内在资源彻底消除恐惧的机遇。

换句话讲，我们利用内在资源管理恐惧的能力开始退化，而且对外在安全的依赖时间越久，这种退化就越严重。了解这一点是很重要的，因为即便我们借助外在事物掩盖了恐惧，恐惧也仍存在于我们体内，而且每当我们求助于外在事物时（比如通过喝酒来麻醉自己），我们内在的恐惧感就会有所加强。要理解这一点，分析大脑边缘系统和大脑皮质的力量对比可能有所裨益。随着恐惧感的加强，大脑边缘系统的影响力就有可能压倒大脑皮质的影响力，这样一来，我们的大脑皮质就显得相对软弱、退化和无力，就会长期遭受大脑边缘系统的压制。

在前面的章节中，我谈到了凯特的案例。她养成了暴饮暴食的习惯而难以自拔，不得不依靠食物来管理她的焦虑与不适。她的故事很有典型性，恰如其分地说明了为什么暴饮暴食会引发适应不良的生活习惯。凯特暴饮暴食的历史很悠久，从大学时期就开始了，但最初并没有产生危害。在大学期间，课堂作业、期末考试和约会等给她带来了巨大压力，逐渐产生了不适感。在刚刚进入大学之际，她的体重一直都维持在正常水平，但一旦她搬进大学宿舍，便像其他大学新生那样吃零食，再加上很少运动，结果导致体重不断攀升。几年之后，食品就成了她管理焦虑和不适的首选。当她觉得不舒服的时候，她发现食品对自己的吸引力越来越大，她很快就发现自己一想到没有东西吃就会感到不舒适，她非常害怕自己在饥饿的时候没有足够的食物来缓解饥饿感。

对于凯特而言，这种恐惧感强烈到了难以置信的地步。她对饥饿感形成了极度的恐惧，唯恐自己无法及时找到东西填饱肚子。这表明她的生存本能已经受到了刺激并开始发挥作用，在生存本能的驱使下，任何轻微的饥饿感都会被视为终极的死亡威胁，从而促使她千方百计地寻找食物，进而导致她对食物上瘾，形成了暴饮暴食的坏习惯。最终，她发现自己即便不饿，即便没有不舒适，但只要一联想到饥饿，就会产生吃东西的欲望。换言之，凯特在大部分情况下的暴饮暴食行为都不是由真正的饥饿引起的。暴饮暴食已经成了她缓和生存本能的负面作用的一种途径。缓和生存本能的负面作用是一项颇具挑战性的任务，因为在生存本能受到刺激并开始发挥作用之后，饮食已经成为一种关乎生存的行为，在生存本能的驱使下，我们不得不四处寻找食物来确保自身安全和生存。只要凯特继续把饥饿感与能否生存下去联系起来，就不会戒掉暴饮暴食的习惯。表面看来，过量饮食似乎不算什么严重的坏习惯，但在凯特的情况下肯定是。显然，像凯特这样的饮食习惯只能在短期内缓解她对饥饿的恐惧，从长远角度来看，由此产生的一种严重后果就是肥胖症。

凯特后来学会了如何把饥饿感同生存本能区分开来，并逐步控制

住暴饮暴食的习惯，形成了一种更加健康的饮食习惯以及对饮食的正确认识，即饮食只是一种维持生活所需的"养料"，而不能当作一种习惯来应对敏感的生存本能。

我们接下来再看一个关于失眠症的案例，这个案例也说明了很多适应不良的习惯最初都是从一个相对无害的经历开始形成的。每年，医生针对失眠症而开立的处方超过 5 000 万个。显然，对于数以百万计的人而言，无法入睡或无法保持睡眠状态已经成了一个大问题。很多人都是在成年期患上失眠症的，虽然服用了药物，但仍然有一些人始终无法摆脱这种疾病的困扰，以至于终其一生都在与失眠症做斗争。

威尔就是一个典型的失眠症患者。他是一位医生，对他而言，连续工作很长时间是家常便饭，他往往加班到很晚才回家，接着又坐在电脑前处理一些工作上的事情，收发一些邮件，直到很晚才去睡觉。由于这种日常紧张的生活节奏，他在工作日里往往习惯性地处于一种焦虑状态。他的工作也加重了他的焦虑，使他长期性地感到紧张和沮丧，以至于无法完成工作量。总而言之，他已经被焦虑情绪完全控制住了，他感觉无能为力。在这种精神状态下，威尔不得不尝试着早点睡觉，但虽然躺在床上，他却无法让自己的大脑从紧张忙碌的状态转换到放松的、睡眠的状态。出现这种情况不足为奇。随着时间的推移，他的情况甚至严重到了需要好几个小时才能入睡的程度，而且还形成了一个恶性循环，即上床的时间晚，入睡的时间更晚，第二天醒来之后感到异常疲惫，在劳累的状态下开始新的一天，结果进一步加重了焦虑症和失眠症。

　　不久，威尔的焦虑水平越来越高，不适感不断加剧，由此导致的一个后果就是，每天晚上上床睡觉时，他的内心都充满了恐惧，害怕自己睡不着。最终，他像贝瑟尼那样经历了"多米诺骨牌效应"，导致失眠症从相对无害的事情演变成了危险的坏习惯。他开始害怕睡觉的过程，一躺在床上就思绪纷杂，脑子里装的全是工作上的事情，很长一段时间都无法入眠，这给他带来了痛苦的折磨。这种对睡眠的恐惧是生存本能开始发挥作用的体现，因为生存本能把睡眠视为了一种对生存的威胁，就会阻止机体进入睡眠状态。为了在睡前放松自己，把自己的注意力从对睡眠的恐惧上转移开，威尔最初采取的办法是看电视，但这种做法也有它自身的副作用，因为他看电视的时间越来越长，只有这样，才能产生睡意。他需要花费好几个小时才能进入睡眠状态，结果导致第二天疲惫不堪。出现这种情况的原因在于，虽然他睡着了，但并不代表他真正放松了。换句话说，虽然昏昏欲睡的感觉压倒了不适的感觉，使他能够进入睡眠状态，但这不能阻止第二天再次出现不适。

　　威尔借助看电视这种手段来逃避睡觉的过程，其实是徒劳无功的，为其形成不良的生活习惯埋下了祸根。与其他许多坏习惯一样，威尔这种手段从长期来讲通常也是无效的。所以，不久之后，他就开始转而采用药物了，希望通过服药来缓解自己对睡眠的恐惧，来帮助自己睡眠。这种办法起初是有效的，但随着时间的推移，他需要的剂量越来越大，以至于到最后他发现自己不得不经常吃药，即便并非真正需要，他也压抑不住服药的冲动。仅仅因为害怕失眠，害怕第二天因为疲劳而不能发挥出良好的状态，他就会选择吃药来帮助自己入睡，结果他的药一直都停不下来。由于养成了这种坏习惯，最终他对自己能够自然地进入睡眠状态完全丧失了信心，不再抱任何期待，睡前必然服药，在这个时候，他的大脑边缘系统已经完全控制了他。

在探讨下一个案例之前，我们先回顾一下前面列出的一系列事情的发生顺序，最初是出现了可能引起焦虑的因素，继而引发不适和恐惧，激发了生存本能，导致我们出现了一系列症状，长此以往就形成了适应不良的坏习惯，我们原本希望这些习惯能帮助我们消除恐惧，但正如本书所有案例所表明的那样，这些习惯只会导致问题更加严重，并引发一个恶性循环，恐惧感永远不会彻底消除，不适感也不会得到有效的管理。下面这个图就直观地说明了这个恶性循环的形成过

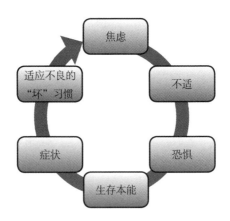

程。固有的焦虑为熊熊燃烧的心灵之火提供了源源不断的燃料。

最后，让我们考虑一下梅丽莎的情况。她患有肠易激综合征。焦虑水平的上升影响了她的消化功能。具体地说，她的焦虑干扰、损害了副交感神经系统，而机体要发挥正常的消化功能，需要副交感神经系统处于良好的运作状态。副交感神经系统的作用与交感神经系统的作用相反。交感神经系统在紧急状态下能够自发地刺激机体产生"战逃反应"之类的应激反应，而副交感神经系统可维持机体在平静状态下的生理平衡，比如唾液分泌功能、消化功能和排泄功能等。这两个神经系统既存在一定的冲突，又存在一定的互补，交感神经系统主导着紧急情况下的快速反应，而副交感神经系统指挥着非紧急情况下的活动。在梅丽莎的情况中，饮食和消化原本应该受到副交感神经系统的支配，但却逐渐受到了交感神经系统的支配。副交感神经系统的功能受到干扰后不久，梅丽莎就开始出现了肠道痉挛和腹胀的症状，即便没吃东西也不得不频繁地跑洗手间。最终，梅丽莎发现哪怕出现一丁点儿的焦虑因素，都会给自己带来强烈的不适感，甚至赴约、堵车和意外的挫折等不必那么紧张的因素都会导致她肠道不适。这种状况持续不久，梅丽莎就开始对胃肠道障碍产生了恐惧感，特别害怕这些症状发生于不合时宜的时间或场合，比如开车、坐飞机、开会或身处公共场所的时候。这种不适感的不断加强就唤醒了她的生存本能。这是预料之中的事。每当她觉得有可能找不到洗手间时，生存本能会引发严重的恐慌反应，胃疼和肠易激综合征的症状就会开始出现。这种

恶性循环只会越来越严重，为坏习惯的形成奠定基础。对于梅丽莎而言，这意味着要尽量避免去那些不容易找到卫生间的地方，选择那些沿途有卫生间的上班路线，不要出席在早上举行的会议，并回避某些可能引发紧张的食物或情形。

虽然上面提到的这些案例的主人公不同，各自面临的问题不同，产生的后果也不同，但他们有一个共同的、明显的演变轨迹，即最初都出现了似乎不具有危害性的焦虑状态，继而出现了不适、恐惧、生存反应以及身体症状，最后形成了坏习惯。起初，导致主人公产生焦虑的因素可能迥然不同，但最终都耗尽了他们对不适感的忍耐能力，进而催生了一连串问题。我在前面所描述的那些坏习惯在形成过程中都产生了非常明显的迹象，引起了强烈的不适和显著的症状。然而，在另外一些情况下，坏习惯的形成过程却非常隐秘，其主要驱动因素就是条件反射。条件反射对机体产生的影响非常大，但其发挥作用的方式却很隐秘。在下面一章中，我将全面探讨条件反射如何塑造并巩固我们的习惯，条件反射如何促使这些习惯在我们的生活中发挥越来越大的作用。

第*6*章

条件反射和习惯的起源

我们大多数人都不知道自己的行为、思想和情感在多大程度上受到条件反射的影响。人类是习惯的奴隶，我们早餐吃什么以及选择哪条上班路线往往受到习惯的影响，喝咖啡时也会习惯性地配上一些糕点，再读一张报纸，甚至在半夜醒来的时间都是一成不变的。我们认为这一切都是理所当然的，不会停下来想一想这些行为有多么根深蒂固。其中许多习惯确实有利于我们的健康和幸福，但我们应该考虑一下这种条件反射式的习惯对其他方面的生活的影响，比如，我们应该认真思考一下自己什么时候会感冒，什么时候体重会增加，什么时候会头疼，看看这些问题出现的时间和条件是否存在一致性。有些条件

反射式的习惯是可以忍受的，而有的会给我们的健康带来损害，甚至是非常严重的危害。

我们为了抑制生存本能的作用而养成了一些坏习惯，一开始，我们可能觉得这些习惯似乎正在抑制生存本能，但这具有令人难以置信的欺骗性，随着时间的推移，这些习惯的效用变得越来越小，这应该是不足为奇的。我们可能会觉得我们控制住了生存本能这个威胁因素，而实际上它却像野火般在我们体内越来越严重，越来越多地控制我们的身体。在更极端的情况下，生存本能会侵蚀掉我们可以用来实现内心安全的资源，导致我们陷入一种无能为力的失控状态。到这个时候，我们就只能听由生存本能的摆布，几乎没有任何办法去管理它，我们已经达到了最糟糕的状态，我把这种状态称为"条件反射的无能为力"（Conditioned Powerlessness）。生存本能几乎导致我们什么也做不了，这可能为多种心理疾病和生理疾病的形成埋下伏笔。

我先来明确解释一下我在这里所说的"条件反射"的定义。条件反射指的是经过后天训练而自发地、毫不费力地适应外界刺激因素的行为，是人出生以后在生活过程中逐渐形成的后天性反射，在大脑皮质参与下完成的一种高级神经活动。人类的条件反射是由语言、视觉、听觉、触觉、嗅觉、味觉、意识等方面的具体信号引起的。比如，纯粹从身体角度来看，我们可以调节自己的身体，使其轻松地举起一个重达20磅（约合9.07千克）的物体或者在不到10分钟的时间内跑1英里（约合1.61千米）。但条件反射的适用对象远远不止于身体的调节，我们还可以调节自己的思考、行为或情感。我们甚至能调节机体的细胞，使机体形成条件反射模式，影响机体的应激反应，并应对入侵机体的细菌。这些类型的条件反射就是我们要探讨的内容。正如这章将要揭示的那样，条件反射过程强烈地影响着我们在焦虑和不适状态下形成的习惯。当受到生存本能的伤害时，我们就会形成一些习惯来应对由此引发的各种不适感。在这一连串事件中，身体的自然调节过程就会促使我们形成一些习惯，并决定了这些习惯对我们生活的影响是好还是坏，是强烈还是微弱。

有的情况下，我们能够意识到自己产生的条件反射，但在大多数情况下，条件反射的发生过程是悄然展开的，我们根本意识不到。比如，如果得到了他人的帮助，很多人都会习惯性地说一声"谢谢"，如果需要他人给我们让道时，很多人会习惯性地说一声"抱歉"，随着驾龄的增加和经验的提高，我们在驾驶过程中的很多步骤都是自发的、习惯性的，而不需要专门进行思考。再举一个例子，请考虑一下如果看到别人打哈欠，你会出现什么反应。你可能发现自己也会跟着打哈欠，甚至会感觉到一丝睡意。在这种情况下，只要一个视觉上的信号就足以促使我们的身体产生昏昏欲睡的感觉。当我们对别人说"抱歉"时，当我们需要刹车而自然踩刹车时，当我们看到别人打哈欠而做出同样动作时，我们没有刻意去思考，这些条件反射的过程都是自发完成的。

很多人认为我们在做出行为决策之前都会进行有意识的思考，但

这种认识是错误的，实际情况恰好与此相反，因为大多数条件反射过程都是自动完成的，不需要去刻意思考。也许最令人惊讶、意义最重大的条件反射就是与我们健康有关的反射。这些条件反射会对我们的健康产生重大而深刻的影响，但一般情况下我们意识不到它们的存在。我稍后将会详细探讨这类现象，但在此之前，我们先从总体上来认识一下条件反射。

条件反射的类型

从技术角度来讲，如果两个原本相互独立的事物之间形成了关联性，那么这种关系就会具有重要意义，就会发生条件反射。下面，我们考虑一个经典的例子：触摸热炉子。当你触摸热炉子时，就会体验到灼烫感。在此之前，你不知道热炉子和灼烫感之间的联系。但一旦有了这种体验，你肯定会迅速地了解到这种关系（同时也付出了痛苦的代价），之后再也不会去触摸任何灼烫的东西。当我们第一次体验到灼烫感时，就会把痛苦感和热炉子联系起来。在饮食方面也是如此。如果发现咖喱粉或胡椒粉等调料让我们感到厌恶，那么从此之后我们就会把厌恶感和这类调料联系起来，从而竭力避免任何含有这些调料的食物。

实际上，条件反射可以划分为两大类。第一类就是"经典性条件反射"。在很久之前的高中生物课上，你可能已经听说过关于巴甫洛夫的狗的故事。巴甫洛夫是俄国生理学家，是最早提出经典性条件反射的人。早在一个多世纪以前，也就是在 19 世纪晚期，他就注意到在喂狗吃肉之前，狗会分泌唾液，他把这种现象称为"精神性分泌"（psychic secretion）。他对这个现象进行了深入的研究，做了一系列实验，并进行了详细记录。在实验过程中，他每次给狗送食物以前都会亮起红灯、响起铃声。这样经过一段时间以后，铃声一响或红灯一亮，狗就开始分泌唾液。这是一种被动反射或者说自主反应，今天我们普遍将其称为条件反射或条件反应。巴甫洛夫的研究工作充分证实了条件反射的影响力和科学性。他生命中的大部分时间都致力于生理学和神经学的研究。这两个学科与消化系统将具有特别密切的联系。

第二类就是"操作性条件反射"，也被称为"工具性条件反射"。最早引入操作条件性刺激的人是美国心理学家伯尔赫斯·弗雷德里克·斯金纳（Burrhus Frederic Skinner）。这类条件反射理论认为，在一定的刺激情境中，如果动物的某种反应的后果能满足它的某种需要（比如获得奖赏或逃避惩罚），则以后它这种反应出现的概率就会提高。在这种反应过程中，经过多次的错误尝试与偶然成功，情景与反应动作之间建立了联系，形成了条件反射。要理解这一点，最好的方法是考虑一个常见的场景：如果你试图让一个孩子养成铺床的习惯，那就每次在他铺床时给他一点奖励，比如给他买玩具等。如果孩子每次铺床都会获得奖励，那么孩子铺床的次数就会越来越多，久而久之他就把铺床当成了一种习惯、一种常规。这就是我们所说的工具性条件反射，外部的奖励措施就是"工具"。

巴甫洛夫和斯金纳发现的条件反射是两个主要类别。除此之外，还有其他子类别的条件反射也会对我们产生深刻的影响，与我们的日常生活也具有更密切的关系。下面我们快速地看一下。

心理匹配

心理匹配是条件反射的第一个子类别。心理匹配是指两个不相干的活动、经历、情景或机体内部活动之间形成因果关系。错误的心理匹配有可能促使我们形成一些坏习惯。请让我结合自己的亲身经历举一个例子。我研究生毕业后的第一份工作是在洛杉矶退伍军人管理局的一家医院做酗酒治疗项目。那时候，我每天都会听到酗酒症患者说酒精能帮助他们应对生活中的压力和挫折。后来有一天，当我开车回家时，交通状况拥堵不堪（任何通勤者都知道这种情况下会感觉多么不适），忽然我的脑海里闪现出一个奇怪的念头，这个念头告诉我说："喂，到家了一定要立即喝瓶啤酒放松下。"对我而言，这种念头真的很荒谬，因为我不喜欢喝啤酒，厨房里也从没有备过啤酒，而且我的家族里没有酗酒成性的人，所以我从小到大都没有产生过这种迫不及待想喝酒的念头。但一遍又一遍地听了酗酒者的叙述之后，通过喝酒来缓解压力的想法和冲动就出现在了我的脑海里。如果我没有受过心理方面的专业训练，恐怕我在回家途中真的会找一家商店买瓶酒。如果我真的这么做了，那么饮酒与释放压力、缓解疲劳之间的联系就很有可能深深地植入我的身体内部。

广告公司都非常善于借助这一条件反射来塑造我们的生活习惯，而且做得非常成功。商业广告上会展示出人们一边饮酒、一边从事有趣活动的画面。在你的心里，你就会根据商业广告的诱导在两个原本相互独立的事件之间构建某种特定的联系。卷烟业在这方面做得一直都很精明，万宝路香烟的广告就成功塑造出了"万宝路男人"（Marlboro Man）这个硬汉形象，使其体现了很多令人艳羡的特质，让很多人形成了一种根深蒂固的认识，即如果你抽万宝路香烟，那么你就会自然而然地产生一种想法，觉得自己可以像广告里的那位"万宝路男人"那样粗犷、性感、魅力十足，而且有能力控制一切。对于那些形成了抽烟这种坏习惯的人而言，抽烟能够帮助他们应对不适，抑制生存本能的负面作用。尽管通过抽烟来应对不适并不可取，但卷烟行业给抽烟这种行为蒙上了一件积极的外衣，导致人们潜意识里产生愉快感和控制感。

在前面的章节中，我描述了安德莉亚在一个闷热的房间里参加会议时突然感到恐惧的案例，从那个时候开始，她在内心深处就把恐惧感和闷热的环境联系在了一起。然而，实际上，她之所以产生恐惧感，是因为其内在的焦虑和不适愈演愈烈，以至于达到了失控的程度，最终触发了生存本能，而生存本能发挥作用时她恰巧又处在一个闷热的环境下。生存本能与闷热环境相结合，最终导致了她的问题，而她也养成了把这两个事物联系在一起的坏习惯，这个坏习惯深深地根植在了她的内心，导致她竭力逃避一切闷热的、缺乏良好空调设施的环境。

心理泛化

心理泛化是条件反射的第二个子类别。心理泛化与心理匹配非常相似。所谓泛化，指的是引起人们不良的心理和行为反应的刺激事件不再是最初的事件，同最初刺激事件相类似、相关联的事件（已经泛化），甚至同最初刺激事件不类似、无关联的事件（完全泛化），也能引起这些心理和行为反应（症状表现）。广告公司是推动心理泛化的高手。比如，它们可能会利用消费者暴饮暴食的坏习惯诱导消费者，让消费者多饮酒，从而达到提高酒类销量的目的。坏习惯是建立在恐惧基础之上的，所以很容易受到外界因素的影响，也就很有可能被广告公司拿来推动消费者产生心理泛化的过程，而且食品和酒精会刺激到大脑边缘系统的快感中心，所以一旦心理泛化和暴饮暴食结合起来，就会产生非常危险的后果。前文提到的安德莉亚的临床案例，也反映了这类心理泛化，因为最初引起不适的是闷热的会议室，但最后她把所有闷热的房间同恐惧感、束缚感和窒息感联系了起来，不久她便患上了幽闭恐惧症，只要身处拥挤的环境中，她就会感觉自己无法迅速逃离，感觉自己会深陷其中，以至于产生窒息感。随着时间的推移，她开始逃避所有拥挤的环境，因为她把在闷热会议室的不愉快经历泛化了，凡是具有类似特征的环境，几乎都会导致她感觉不适。

下面我结合自身经历举一个关于心理泛化的例子。这是很久之前的事情了。1977 年，也就是在读研究生二年级时，我发现手上出现一些伤口，很疼，而且不会很快愈合。起初，我认为这可能是因为我一个星期打五次网球，再加上为了挣钱交房租、买食物，每周还要抽出几个晚上去俱乐部弹奏吉他。但后来我注意到用肥皂洗手的时候，手指的疼痛感会加重。后来，这种皮肤病越来越严重，不久连我按的手印都几乎无法辨认了（我之所以意识到这一点，是因为我去机动车管理局办事的时候，那里的职员会让我使劲多按几次，因为我手指上的皮肤溃烂情况非常严重）。这个皮肤病太明显了，别人一眼就能看出来，似乎我头上顶着一个牌子告诉别人我有皮肤病，结果严重影响了我的网球和音乐生活，而且让我对那些患有显性疾病的人产生了深深的理解和同情。

于是，我便去校医院看皮肤科医生，我得知自己患的是一种湿疹，致病因素有很多种，唯一的治疗办法就是采用传统的类固醇类软膏。后来，我开始怀疑罪魁祸首可能不是过敏，因为我发现当我去另一个城市见女朋友时，我的皮肤病居然奇迹般出现了好转。后来，在读一本精神病理学的教科书时，我偶然碰到了一篇谈湿疹的文章，这篇文章说湿疹是一种心身疾病。难道病因出在我自己身上吗？当时，作为一个立志成为该领域专家的研究生，我想我是理解这类事情的，但实际上我显然还不理解。所谓心身疾病，指的是其发生发展与心理和社会因素密切相关，但以躯体症状表现为主的疾病，这些心理和社会因素包括情绪或压力。了解了心身医学之后，我就明白了，之所以去另外一座城市见女朋友就会让我感觉好很多，是因为这个过程与快

感和乐趣是关联在一起的，而另一方面，家庭则与工作和学校有关。

湿疹和牛皮癣之类的疾病有可能是遗传因素引起的，也可能是某些具体情形引起的，比如我的情况就是皮肤过分磨损，还有一些情况就是手部皮肤接触了某些化学物质。这些疾病起初都是由巨大的压力或强烈的情绪引起的。

起初，这些疾病的诱发因素都和过敏与压力等有关，但过一段时间之后，患者就会产生心理泛化的现象，其他因素也开始导致皮肤出现不适反应。就我的情况而言，手部的皮肤病最初是由打网球、弹吉他引起的。最后，压力也会导致皮肤出现不适反应，甚至原本不会产生压力的情景，比如等公交车、约会之类的情景，也会加重皮肤病。

潜意识条件反射

潜意识条件反射是条件反射的第三个子类别。这是一种比较有趣，但也许是最可怕的反射方式。所谓潜意识条件反射，指的是机体对外界刺激的本能反应，是没有经过后天学习所做出的先天反应。这是一个不知不觉、没有意识的心理过程。换句话讲，我们可能发现自己会自然而然地遵循某些行为方式，但并不知道为什么会做出这些反应。

潜意识指的是刺激因素发生在我们的意识觉察（conscious awareness）范围之外。这并不是说我们真听不到或看不到这些刺激因素。即便真能听到或看到，也不会引起我们的关注。潜意识条件反射可以分为好几类，其中最常见的是视觉和听觉引起的潜意识条件反射。这两类会对我们的大脑和行为产生深刻的影响。

我在高中时就了解了什么是视觉引起的潜意识条件反射，当老师正在说话的时候，如果其他人都只是被动地坐着听课，而我连续点头，那么老师就会把大部分注意力放在我这边。

在读研究生时，我成功地运用触觉激发了他人的潜意识条件反射。当时，我的女友开车速度太快，超出了我的忍受能力。如果我口头上告诉她开慢一些，只会引起无休止的争论。后来我发现，当她快速开车时，如果我轻轻地抚摸她的颈部，她就会潜意识地松油门。最终，我发现用这个方法有助于安全驾驶，也有助于避免无意义的争论。

再后来，我不得不利用潜意识条件反射来塑造孩子的睡眠行为。很多家长都知道，要想让孩子在就寝时间去睡觉真的是一件很有挑战的事情。很多家长都觉得哄孩子睡觉的漫长过程充满了不必要的冲突和压力，当然，我们睡前肯定不想获取这些感受。为了解决这个问题，我采取的办法就是，每次看到孩子们开始产生倦意时，比如在车里打盹儿了，我就开始唱某一首歌，每次都唱同一首。有时候，当他们做其他事情时，即便是在做一些比较积极的活动，我也会哼一下这首歌，以这种方式帮助他们放慢做事的节奏。久而久之，孩子们就会对这首歌产生潜意识条件反射，一旦这个反射过程确立了下来，我就会在他们的就寝时间哼这首歌，促使他们产生昏昏欲睡的感觉。连

续很多年，我的孩子们都一直让我哼这首歌，这样他们可能会更容易入睡。

来自美国杜克大学的格拉涅·菲茨西蒙斯（Grainne Fitzsimons）、丹亚·沙特朗（Tanya Chartrand）和加万·菲茨西蒙斯（Gavan Fitzsimons）在 2008 年率先对潜意识条件反射进行了科学研究。这些研究人员做了一个非常有趣的实验。在这个实验中，他们让一组人观察苹果公司的商标，让另外一组人观察 IBM 公司的商标。之后，让这两组人去完成一项实验任务，结果表明，那些观察苹果公司商标的人更具有创意。该公司在广告中一向提倡"不同凡'想'"（Think Different），看到其商标就会让人联想到其品牌和形象。难道两组人员出现差异的原因是因为这个广告的暗示效应？研究人员对此得出了肯定的结论。研究人员还做了另外一个实验，即向一群参与者同时展示迪士尼频道和E！频道①的标识，让参与者自己从中选择一个，结果发现，选择迪士尼频道标识的参与者更为诚实和真诚。2010年，多伦多大学的研究人员钟谦波（Chen-Bo Zhong）和尼娜·马萨尔（Nina Mazar）在这个领域的实验则更加深入。在参与实验的大学生中，他们让一半的学生在带有"绿色产品"标识的网店里进行消费，激励学生们进行更多的绿色消费。而让另一半学生在主要出售传统产品的网店进行消费，然后再进行一系列考察。结果表明，绿色产

---

① E！频道，即E！Channel，是加拿大一个娱乐性的节目。——译者注

品标识会促使第一类参与者做出一些更加无私的行为。然而，研究人员还发现，第一类人在购买完绿色产品之后比那些购买传统产品的人在更大程度上表现出了撒谎和偷窃倾向。唯一有可能的解释就是购买绿色产品的那组人认为自己已经做了好事、行了善，于是就可以为所欲为了。美国加利福尼亚州斯坦福大学心理学教授贝诺伊特·莫宁（Benoit Monin）将这种现象称为"道德自我允准"（moral self-licensing）。

潜意识条件反射能够对人类健康产生深刻的影响，这种影响的鲜明例子或许就体现在饮食方面。一些研究人员在过去几年中对此进行了一系列有趣的研究，他们发现一些快餐符号和人的决策之间具有一些令人惊叹的关联。钟谦波和桑福德·德沃（Sanford DeVoe）做了这样一组实验。他们在一组人所处的环境中展示六个不同的知名快餐店标识，对另外一组人展示相对比较中性的、不具有快餐店属性的标识，让这些标识对参与者产生潜意识的影响，之后再将实验结果进行对比。结果表明，当我们对快餐店标识的观察增多时，我们的行为的确会发生改变，尤其明显的是更加注重速度和效率，也更加冲动。他们还发现第一组人对节约时间的产品具有一种强烈的青睐，因为他们对二合一的洗发露、三合一的皮肤护理套装以及高效洗涤剂的评价高于第二组人的评价。他们还表现出了对快速消费品和便利产品的青睐。之后，研究人员又做了更加深入的实验。这次的主题是金钱。一个选择是现在可以获得一小笔钱，另一个选择是一周后可以获得较大

的一笔钱，他们让两组参与者进行选择。通过这种经典的实验，可以测试出参与者是否注重立即获得满足感。现在，你或许可以猜到，受到快餐店标识影响的那组人更有可能倾向于选择前者，而另一组则倾向于选择后者。非常有趣的是，研究人员还断定，受到快餐店标识影响的那组人的平均阅读速度也比较快。钟谦波和桑福德·德沃在《心理科学》（Psychological Science）上发表的论文着重指出，我们每天见到的品牌和产品会对我们的行为产生微妙的、潜移默化的影响，而这一切都是潜意识的，也就是说，我们并未意识到产生影响的过程。除了他们的论文之外，还有许多论文也都得出了同样的结论。

显然，快餐的出现不仅导致人们对即时获得满足感产生了巨大需求，也促使人们的行为方式出现了一些变化，从而更具冲动性。如果你思考一下，这一点是不难理解的。快餐不同于传统的餐饮，因为快餐能够使我们以相对较快的速度获得食物。整体的体验就是速度快，因此与速度有关的东西，比如冲动和急躁，就成为我们生活中的一部分。这样一来产生的影响就是，无论是麦当劳标识上的金色拱门，还是肯德基标识上的哈兰·桑德斯（Harland Sanders），都会导致人们做出一些缺乏耐心的、冲动的行为，导致暴饮暴食、饮食速度过快等问题。这也在部分程度上解释了为什么研究人员还注意到快餐店标识和人们的幸福感具有很强的关系。受到快餐店标识影响的人不仅更倾向于选择短期目标，还觉得很难找到快乐，幸福感比较低。一旦饮食与速度产生关联性，我们就会在外界刺激因素的影响下加快饮食速度，并消费更多的食物，而实际上我们并不需要吃这么多。

研究还表明，如果人们潜意识里惧怕被抛弃、被拒绝，那么这种恐惧情绪也会对饮食习惯产生很大的影响，因为在这种情况下，人们很有可能通过饮食来获得慰藉，以期缓和恐惧。一些研究发现，如果人们能够控制住自己的这种恐惧情绪，则暴饮暴食的习惯也可以得到控制。还有一些研究揭示了背景音乐对饮食和饮酒的影响：人们在听到舒缓、轻柔的音乐时，吃饭的速度也会减慢，快节奏的音乐则会让人加快吃饭速度。此外，研究还表明，与"口渴"相关的字眼或笑脸可以潜移默化地增强观察者的口渴感，进而提高他们对饮料的需求量，对此，想一下汽水广告的画面就明白了。

潜意识条件反射不仅包含外部世界对我们的影响，我们自己也在不停地影响着外部世界。比如，父母的言行举止都在潜移默化地给孩子传递着各种信息，影响着孩子对世界的态度与反应方式。最明显的一个例子就是如果父母患有失眠症，则有可能在无意间导致孩子对睡眠产生恐惧和焦虑。还有一个经过现实检验的例子就是，我们在他人身上看到的饮食习惯，比如吃什么以及吃多少，也会影响到我们自己的饮食选择。

上述这些研究都表明了阈下信息（subliminal message）对我们的行为产生的巨大影响，而这无疑又会导致某些坏习惯的形成与固化。正如我们在前面所看到的那样，我们的饮食习惯尤其容易受到阈下信息的影响，一旦处理不善，就容易出现暴饮暴食的问题，因为我们的

饮食行为会受到大脑边缘系统的"快感中心"的深刻影响。只要这种潜意识条件反射对大脑边缘系统产生直接影响，就能影响到我们的恐慌反应和不适程度，最终导致我们做出一些不良的选择，并形成一些适应不良的坏习惯。

情景依赖性条件反射

情景依赖性条件反射是条件反射的第四个子类别。对于这个类别，可以通过这种方式来理解：如果我们在某种情景中了解了某件事，那么之后同样的情景就最容易让我们回忆起这件事。这类条件反射经常会导致我们形成一些情景依赖性的坏习惯，之后每当我们遇到相似的情景，这些习惯就会自动"复发"，而且这个复发过程超出了我们的控制能力。"白大褂"现象就是这类条件反射的典型例子。其实，把这种现象称为一种"综合征"比较合适，因为病人一旦进入医生的办公室，医生就有可能发现他们患有某种病症，所以，这种情景就会导致病人产生一定的焦虑情绪，出现血压升高的问题，这样一来，血压升高、产生焦虑就会和医生以及进入医生办公室产生联系。有过这种体验的人每次进入医生办公室都会做出这种反应。

几年前，一名职业足球运动员向我求助。他曾经在传球过程中遭到对方一名防守球员的碰撞，导致背部受伤，后来接受了康复治疗。身体上的创伤痊愈之后的很长一段时间内，虽然他在练习场上以及场下没有疼痛的感觉，但在比赛中，即便没有遭到撞击，他每次传球仍然会感到背部疼痛，似乎他的身体能预料到将会再次遭到攻击并受伤。实际上，他已经在潜意识里把之前的痛苦经历与踢足球联系到了一起。虽然他身体上的疾病已经消除，他的身体却了解并记住了那次症状。

我们可以运用情景依赖性条件反射的原理来帮助我们学习，但主要应用于基础教育。比如，如果人们在喝了一杯含酒精的饮料之后记住了某个词，那么几周以后，当他们喝了同样的饮料之后，则很有可能清楚地回忆起之前在同样情景下记住的词。

我发现，情景依赖性条件反射能够对健康和习惯产生很大的影响。在职业生涯的早期，我曾经和这样一位企业高管打过交道。每次出差，他一住进酒店，就喜欢在房间里抽烟。因为他的妻子不赞成他抽烟，所以，他曾经向妻子保证过会戒烟。但在外面出差期间，他那长期受到压抑的抽烟欲望就会爆发出来，仿佛一个儿童在父母离开之后终于获得自由那样。久而久之，他在潜意识里就把酒店房间同抽烟这个动作联系了一起，每次出差时，一踏入酒店房间，他就难以抑制强烈的抽烟欲望，这是典型的情景依赖性条件反射。在与他的几次接触中，我了解到他抽烟的习惯折射出了青少年时期形成的叛逆精神，这与他那备受压抑的成长环境有关。现在，他的叛逆精神和酒店房间成了诱使他抽烟的两个触发因素。在他出差之前，我的时间很少，根本不足以完全消除他内心深处对现实的不满情绪、他那受到压抑的叛逆精神以及不健康的抽烟习惯。他问我有没有什么短期的方

案，让他下次出差期间不再抽烟。我决定对他施行催眠，在催眠状态下，我可以打破酒店房间和抽烟行为之间的联系，并引导他通过其他方式来宣泄自己的不满情绪和叛逆精神。在催眠状态下，我向他提出了这样一个建议，即每当他希望表达自己的叛逆精神时，不必通过抽烟来达到目的，而可以换个方式，比如把酒店毛巾装进自己的手提箱。这个方法果然奏效。我之后再一次见到他时，他告诉我说他在出差期间没有抽烟，但他到家的时候，行李箱里面装满了从酒店拿回来的毛巾。他对我说："我想这种情况可能与你有关！"后来，我又通过催眠术解除了通过拿酒店毛巾来宣泄叛逆精神的暗示，就这样，我成功地改变了他的不良习惯，解除了他那有害的情景依赖性条件反射。

情景依赖性条件反射会影响到我们的健康和其他方面。我见过很多这方面的例子，其中尤其值得一提的是季节病。这类疾病的患者在阳光较少的秋季和冬季容易患上抑郁症，从生理学上来讲，部分原因在于光照会影响到大脑中的神经递质，而冬季由于光照缺乏，就改变了大脑内部的化学反应机理，从而导致心情抑郁。然而，最有趣的一个现象是，当这些人搬到一年四季阳光充足的南部各州之后，许多人仍然会遭遇同样的"季节病"。这就很好地表明一年中的某些时候已经与某些情绪反应联系在了一起，而这些情绪反应最终会引发一系列生理反应。

有充分的证据表明，巨大的压力会导致疾病。但是，如果压力导致疾病，那么你可能会认为人在紧张时期总是会生病。但实际上，许多人正是在紧张阶段结束开始放松之后，才患上了某种疾病或出现其他症状，甚至产生恐慌情绪。这就解释了为什么有些人休假之后、紧张阶段结束之后或退休之后患上严重的疾病，有时甚至是致命的疾病。出现这种情况的根源就在于压力缓解之后会引起大脑内部产生一系列能够导致疾病的生物化学反应。我毕生工作的一部分就是研究我所说的"放松效应"。2001年，我在《何时放松会损害你的健康》这本书（我的第一本书）中就提出了"放松效应"这个术语，并指出放松可能危害我们的健康。我所说的放松效应指的是，当人们在非常紧张的事情结束之后，比如冲突、时间紧张的工作项目或学校考试之后，会患上疾病或出现不适症状，甚至有可能发生于积极事件结束之后，比如婚礼或体育赛事结束之后，而且频频发生于周末、节假日、休假或者退休之后。这些疾病并非想象中的，而是切切实实存在的，认识到这一点非常重要。

有一类特殊的放松效应尤其值得我们注意。如果人们无法有效地管理他们的焦虑、不适和压力水平，那么在长期经历了焦虑和不适之后，他们最终会形成适应不良的坏习惯。在这种情况下，随着放松效应出现的次数越来越多，即便焦虑、不适和压力持续的时间越来越短，严重程度越来越低，仍然有可能触发放松效应。这种状况持续一段时间之后，即使是一般程度的焦虑、不适或紧张情景都会引发放松效应，并最终导致身体上的疾病。此外，经过一段时间之后，人们在形成情景依赖性条件反射的过程中，会对某些具体的事件（比如

节日）或一年中的某些时间段（比如季节）产生记忆，最后每次遇到类似情景，条件反射就会发挥作用。最常见的就是假期忧郁症或假期病，患者容易在圣诞节或元旦假期之后生病。

因此，我们不难发现，情景依赖性条件反射可以直接影响到我们机体内部的生物化学反应过程和细胞反应方式。简单地讲，我们的免疫系统知道在什么情景下"让我们放松"，因为我们之前在同样情景下有过放松的经历，人体的免疫系统产生了记忆，久而久之，激发免疫系统产生反应的门槛便降低了，免疫系统便形成了情景依赖性条件反射。而一旦我们意识到自己的身体出现了这一症状（比如我们意识到自己总是在度假时生病），大脑就会产生一个容易催生出这种症状的神经网络。此时，这就意味着我们的思想能够激发机体内部的一系列生物化学反应事件，进而带来疾病或症状。

放松效应具有深远的影响。它会给我们带来一系列错综复杂的健康问题，其中包括普通感冒、流行性感冒（比如季节性流感和H1N1禽流感）、抑郁、焦虑、头痛、胃痛、惊恐发作（亦称"急性焦虑发作"）、暴饮暴食、皮肤病、过敏反应和疲惫。

我曾经见过的一些偏头痛患者就是情景依赖性条件反射的例子。对于这类患者而言，某些特定的条件，比如工作、周末、气味、空调或家庭等，都会与偏头痛产生关联性，患者一旦遇上这些条件，病情就有可能复发，而且随着时间的推移，即便不会真正遇到这些条件，只要一想到自己会遇到这些条件，偏头痛就会发作。还有一些形成情景依赖性条件反射的患者每天早上醒来之际都会出现某些症状，比如胃痛、下颌疼痛和头痛。对于这些人而言，早晨醒来与这些令人苦恼的症状之间已经形成了关联性。

我再举一个情景依赖性条件反射的例子。我研究生毕业后，在洛杉矶退伍军人管理局的一家医院做酗酒治疗项目期间，接触的很多酗酒症患者都来自贫民窟，或者由于种种原因而丧失一切坠入社会底层。这些老兵中间有很大一部分都能保持三个月的清醒，之后却会产生迫不及待的饮酒冲动，狂欢式的饮酒之后才能再次恢复清醒。我猜想这些老兵之所以保持三个月清醒后难以抑制饮酒的冲动，可能是因为他们受到了情景依赖性条件反射的影响，三个月的清醒与狂欢式饮酒之间形成了关联性。为了验证我的猜想，我决定在他们获得清醒之前就对这些人施行催眠术，并在催眠状态下让他们意识到自己正在经历一场狂欢。我让他们意识到狂欢带来的痛苦，给他们的身体和情绪带来的不适，并产生对狂欢式饮酒的厌恶感，让他们把三个月的期限同获得清醒联系起来，而不是同再次进行狂欢式饮酒联系起来，最终让他们产生再次获得清醒的愿望，从而规避了只有通过狂欢式饮酒才能恢复清醒的冲动。

联想性条件反射

联想性条件反射是条件反射的最后一个子类别。所谓联想性条件反射，是一种刺激与反应之间的心理联系或联想，或者机体在所受到

的刺激与所做出的反应之间建立的联系。人们特别容易在电影和电视潜移默化的影响下形成这类条件反射,我们可以从电影或电视节目中找到很多这方面的例证。比如,当两个或更多的人物正在发生冲突时,就会有人在焦虑或生气之际离开房间,找一瓶酒喝或点燃一支香烟来宣泄情绪。因此,这些电影或电视节目传达给人们的消息是,这类焦虑或冲突的出现会给人带来不安全感,对其进行管理的唯一方法就是迫不及待地拿起一瓶酒、点燃一支香烟或逃避所在的情景(比如离开带来不安全感的房间)。出现这种反射并不奇怪,因为我们在固有文化中本来就惧怕不适感,在生存本能受到激发的情景下更是如此。

细胞层面的条件反射:炎性反应

条件反射不仅仅局限于思想、行为和症状层面,其实还会发生于一个更为基础的层面,即细胞层面,或者说机体内部生化反应的层面。这一层面的条件反射或许是最具隐蔽性的了,人们很可能连续很多年都不会意识到它的存在,直到有一天突然爆发,催生了某个重大的、灾难性的结果,人们才恍然大悟。

大多数的细胞条件反射都会产生有益的结果,比如,机体的某些细胞经过长期的适应、调节和"锻炼",能够条件反射式地攻击、消灭那些被身体视为威胁的细菌和病原体。这些细胞被称为抗体。抗体具有自我复制的能力,然后攻击外来的威胁。抗体是非常聪明的,因为它们可以锁定一个非常小的入侵者，如单细胞或一个细菌。换句话说，它们可以调节自己来处理特定的外来入侵者，以此消除身体面临的威胁。它体现了细胞的自我调节，是一种条件反射。在大多数情况下，这个反射过程有利于拯救我们的生命，有利于我们的生存。但随着时间的推移，这些存在条件反射能力的细胞有可能过于热衷于完成自己的使命，当机体没有面临威胁的时候，它们就会创造一个敌人，这时候，这些细胞不是攻击令人讨厌的"入侵者"，而是攻击身体的器官。这是自身免疫性疾病，比如，I型糖尿病、甲状腺功能亢进症、类风湿性关节炎、溃疡性结肠炎等就属于这类疾病。这些自身免疫性细胞就变成了所谓的"炎症细胞"。在这种状态下，你体内的自身免疫性细胞数量超出了实际所需的数量，结果导致一种炎症状态，这就像太多醉酒的体育爱好者聚集在同一个地方一样，都在为自己的运动队加油鼓劲，这种局面是混乱的，具有潜在的危险性。

在美国，"发炎"日益成为一个家喻户晓的概念，在研究人体老化和疾病时，这个概念目前占据着主导地位。当我们想到炎症的时候，可能想到一个扭伤的、肿胀的脚踝或令人发痒的蚊虫叮咬，这些都容易引起发炎，而实际上发炎是体内一个无处不在的过程。身体依赖这一机制来促进创伤的愈合。

概括地说，发炎是机体集合自身防御能力以应对外来威胁的一种方式，这些威胁包括某种感染、手指被割伤以及普通感冒引起的嗓子疼等。机体产生炎症过程的原本目的是提高机体细胞抵御疾病或感染

的能力。因此，通常情况下，炎性反应过程是有益健康的，是人体自发的防御反应，但是随着年龄不断增加，我们长期承受的压力以及由压力引起的焦虑和不适，可能引起人体自身免疫系统的过敏。也就是说，在没有任何真正敌人或目标时，炎性反应就像我们的抗体一样，开始出现紊乱，反应强度超过了实际需求，从某种意义上说，此时我们的机体已经失去了天然的制衡能力，不是去寻找入侵机体的病毒或机体面临的攻击，而是开始顽强地攻击并削弱原本应该受到保护的组织及细胞。这种内部损耗破坏了我们的自然防御机能，容易诱发多种疾病，并加速衰老过程。有很多资料表明，几乎所有主要疾病都与长期存在的炎性反应有关，这些疾病包括心脏疾病、某些癌症、类风湿性关节炎、红斑狼疮、老年痴呆症、关节炎、自身免疫性疾病、慢性疼痛和过敏等。

炎性反应过程是可以调节的。早在 1982 年，《科学》（ Science ）期刊上就发表了一篇关于这方面的研究论文，为我们演示了如何调节炎性反应过程。当时，科学家们在研究中发现他们可以调节老鼠的炎性反应，并让老鼠的免疫系统形成自发的改变。他们先把一种能够抑制免疫系统炎性反应的药物溶化在糖水里，让老鼠饮用带药的糖水。随着老鼠越喝越多，其免疫系统的炎性反应就会不停地受到抑制。最后，科学家移除了真正起到抑制作用的药物，并让老鼠继续喝糖水。结果发生了什么事呢？虽然糖水里面没有药物，老鼠的免疫系统与炎性反应仍然受到抑制。对此，我们要记住这样一点，即老鼠的炎性反应过程发生在细胞层面，这一反应过程的发生不需要像人类的大脑皮质那样发生一系列错综复杂的反应。在这项研究之后，又出现了其他一些研究，都得出了一个令人惊讶的结论，即如果细胞这一机体的基本组成单位可以在大脑意识范围之外受到训练，那么机体内部几乎任何生化反应过程都可以得到训练和调节，从而按照某种特定的方式展开。

很多年前，在开始研究压力和炎症之前，我想看看自己是否可以通过心身医学技巧对自己的炎性反应过程施加一些影响。在当地一个生物医学实验室的帮助下，我在不同条件下接受了一系列血液测试，包括在典型的工作日、锻炼之后以及吃饭之前等，并获得了不同的细胞因子①水平图。简而言之，细胞因子是在免疫和炎性反应中起重要作用的小分子蛋白质。我们可以根据细胞因子水平来评估压力对身体产生的负面影响。细胞因子被称为化学信使（chemical messenger），为其他细胞的激活、生长甚至死亡传递着化学信息。虽然细胞因子可以调节免疫系统的反应，促使炎性反应过程产生积极的结果，但与此同时，细胞因子也会导致一些炎性反应过程长期持续下去，而你却无法加以制止。简单地说，如果你没有生病，或者没有经历能够威胁生命的压力，而细胞因子水平又很高，那么这就会导致不利于健康的慢性炎症长期存在下去，很多疾病都与这有关。

---

① 细胞因子是指主要由免疫细胞分泌的、能调节细胞功能的小分子多肽。在免疫应答过程中，细胞因子对于细胞间相互作用、细胞的生长和分化有重要调节作用。——译者注

我的细胞因子数量一直是平稳的，没有什么问题，但有一个早上是例外。那天，由于犬吠声、郊狼的号叫声以及夜里需要起来照顾生病的小儿子，我的睡眠质量非常差。吃早饭时，我感觉疲惫不堪，而且烦躁易怒，对那天即将到来的痛苦折磨感到害怕，因为在那一天，我要花两个小时给学生上课，花 8 个小时接待患者，到晚上还要拿出两个小时去做报告。用脾气暴躁和焦虑水平上升来形容我那天上午的状态都算是轻描淡写。结果，这对我的身体产生了显著的影响，这一点从我那天早上得到的细胞因子水平图上就能看出来，因为我的细胞因子水平出现了飙升，超出了正常范围。这表明我的身体正在遭受炎症的困扰，虽然我没有感受到，但在我的身体内部却发生着炎性反应。我的免疫系统已经进入了戒备状态，似乎做好了战斗准备一样（其实，考虑到我那天的繁忙日程，也可以使用"战斗"这个词），但实际上这种戒备是没有必要的。

我的个人实验表明，日常生活中看似正常的事件也会导致体内出现隐秘的炎性反应。如果这类日子并不多，那么它几乎不会产生什么严重后果，最多只是偶尔促使我们吃一顿培根奶酪汉堡来缓解不适，受害的只是我们的腰围。但如果经常出现这类日子，那么我们的生存本能就无法得到有效的管理，我们也有可能会养成一系列不良习惯，之后我们就会发现自己的身体要承受炎症带来的破坏性影响，而且我们的老化速度最终也会因此加快。这可以说是生存本能失控的最大危害之一。

再思考、再训练

从前面的论述中，我们可以明显地看到条件反射会对我们的健康产生强烈的影响，我们的心情、健康状况、行为方式等，都与条件反射有着很大程度的关联性。就我自己而言，我注意到自己过了50岁之后，突然更容易患上伤风感冒了，一年内生了好几次病。于是，我便停下来想一想这是怎么回事。我意识到，问题的根源可能就在于我一直以来都相信50岁是人生的一个转折点。在我的脑海深处，我一直以来都相信过了50岁这个门槛儿之后，随着岁数越来越大，人们自然而然地就会遇到更多的健康问题以及更多的退化性疾病。你瞧，就是这种错误的、有害的信念使我更容易罹患疾病，而如果我一直以来不这么认为，那么很多疾病都是可以抵挡的。你可能会觉得这句话听起来似乎有点荒谬，因为某些疾病是由一些病菌和无法控制的病原体引起的。但请你想一想自己的生活中是否有这样一些朋友和家人，当他们被确诊患上某个重大疾病之后，他们很快就妥协认命、丧失信心、放弃抵抗，结果很快就去世了。其实，如果他们不知道自己患上了这个病，或许不会这么早就去世。为什么会出现这种情况呢？就是因为这些患者在思想上认为医生的诊断就等于给自己的命运下了定论，以至于完全放弃了抵御病魔的信心。如果目睹过至亲至爱的人去世，那么任何一个人都会相信思想与信念在人生的最后关头会发挥重大作用，因为它们会导致我们体内出现一系列条件反射，催生出一连

串生化反应。一个不容忽视的事实就是，条件反射的作用非常大，甚至能决定我们老化和去世的速度。

在这一章里，我论述了不同类型的条件反射在不良习惯形成过程中的巨大影响。虽然条件反射不一定是习惯形成的最初动因，但肯定会影响习惯的形成过程与严重程度。关于条件反射的影响，最可能的一点或许就是，这种影响往往超出了我们的意识范围，以至于在不知不觉中就发生了，而且我们几乎无法加以控制。更令人不安的是，这种条件反射甚至可以发生在更深的层面，也就是细胞和生化反应层面，给我们的现在和未来带来严重的干扰。而且由于这些条件反射可能超出我们的意识能力，所以，有时候即便我们发现自己的健康状况越来越差，发现自己养成了这样那样的坏习惯，却仍感到束手无策，更不用说控制自己对外部世界的反应方式了。正如我在前面所讨论的那样，这些条件反射中，很多都发生在大脑边缘系统。

由于条件反射在习惯形成过程中扮演着极为重要的角色，所以我们有必要重新调整自己，形成更加积极的条件反射模式，以更好、更健康的方式来应对不适。这是重新训练大脑边缘系统过程中的一个关键组成部分。

第7章
心理外化——物质享受的负面作用

通过前面的论述，对于不适感如何激发生存本能以及如何催生不健康的习惯，你肯定已经有所了解。但到这时我们还没有回答出下面这个更大的问题：最初究竟是什么促使我们体验到更高水平的不适？或者说，对于这一切不健康的条件反射，真正应该负责的是谁，或者说是什么？心理外化（externalization）①是不适感的触发因素，会推

---

① 在弗洛伊德心理学中，心理外化是一种潜意识的心理防御机制，在外化中个人将其内部特征"投射"到外部世界，特别是其他人。例如，一个过于好争论的病人会认为别人也是好争论的，而他自己却是无可指责的。如同其他的心理防御机制一样，外化是一种对抗焦虑的保护措施，因此也是正常、健康运作的心智的一部分，不过，过分外化就会导致神经疾病。——译者注

动我们的不适水平达到历史高点，往往也是导致不良结果的根本因素，我们之所以养成很多不健康的生活方式，罪魁祸首往往也是心理外化。在本章中，我们将对这一现象进行探讨。如果一定要让我总结心理外化的定义及其对内在生存本能的影响，那么，我认为心理外化是一个过程，在这个过程中，我们发现自己越来越多地受到外部因素的影响，日益倾向于把外部因素作为心理倾向的参照标准，赋予外部参照标准的权力和价值越来越多，以至于牺牲了我们内心的参考点，也就是我们自身的核心信仰与情感。但随着心理外化趋势越来越强烈，我们的行为和选择会日益受到外部因素（包括外界期望）的驱动和影响。最终的结果就是我们追求的目标以及做出的选择越来越背离我们内心深处那个真正的自我。我们内心真实的自我便发出了越来越响亮的"不"的尖叫声。随着心理外化导致我们的焦虑和不适越来越严重，生存本能受到激发的"门槛"也越来越低。

那么，在日常生活中，外部力量究竟是如何催生一个更加令人讨厌、烦躁不安且过于敏感的生存本能的呢？为了回答这个问题，我们结合一些常见的经验来看看不断变化的世界对我们的影响是多么强烈。

首先，你有没有注意到，当重看你之前喜欢的电影时，你很想尽快地看到主要部分，但似乎这次播放的进度十分缓慢，而且播放时间比较长？而回想起之前看这部电影的情景，播放速度和片长都正好。那么，为什么会出现这种情况呢？再举一个例子。当你重新阅读一些自己之前喜欢的书时，似乎它们的篇幅变得冗长了，讲述进度也变慢了，需要读很久才能到达戏剧性的部分？你是不是在网上一看到篇幅较长的文章或博客就感觉很不耐烦，而是希望内容只是精简为一系列能够快速浏览的要点或简明的摘要？也许你在读这本书时就有这种想法！为什么会发生这种事情呢？

我的教学生涯超过了 25 年。我在近几年注意到，与前些年相比，教学方式必须改变。现在，我已经找到了一些更加聪明的办法来吸引听众，即使用精辟、简短的语言。我在职业生涯早期曾经学习过为电视节目制作简讯，那时候我还不知道在当前这个社会中这种方式居然会成为一种沟通准则。

我们什么时候变得这么不耐烦，迫不及待地想让自己的需要立即得到满足呢？我们集中注意力的时间为什么开始缩短了呢？为什么我们在无法立即获得自己需要的东西时会轻易变得烦躁、无聊或生气呢？

从表面来看，这些变化似乎并不会引发严重的后果，但实际上它们表明我们体内正在发生着令人惊讶的生物化学反应，而正是这些反应对我们的焦虑和不适水平产生着直接而重大的影响，同时导致我们的生存本能更加敏感，最终导致生存本能呈现出前所未有的敏感性，引发很多意想不到的后果。

快餐与即时满足感

现在，我们总是迫不及待地想快速获取自己想要的一切东西，比如商品、服务，甚至是书面信息。我们的耐心越来越差。这种变化是从什么时候开始的呢？你可能觉得我们是在拥有智能手机、笔记本电脑和各种精巧的工具之后才开始丧失耐心的，但答案可能与你所想的相反，我们开始丧失耐心的时间比这些便捷工具产生的时间早几十年。我认为最初改变我们生存本能的是微波技术的应用和快餐食品的走俏。虽然这听起来有点奇怪，但请听我讲下去。如果可以的话，请花点时间回想一下在微波炉得到广泛应用之前以及在快餐食品随处可见之前，人们的生活状况是什么样子的。当时，人们虽然饥饿难耐，但也不得不焦急地等上很久才能吃到晚饭，即便饥肠辘辘的你问父母什么时候可以做好饭时，得到的却是"一小时之后"的答案。虽然你感觉欠佳，但还是不得不拿出耐心等一等。在漫长的等待过程中，我们学会了如何忍受饥饿，我们的耐心也得到了磨炼。

但随着微波炉的发明以及食品获取方式的便捷化，我们再也不必去忍受饥饿了。一旦出现饥饿感，我们随时都能轻易、迅速地找到食品充饥。在20世纪70年代，我们可以吃的食品大约有8 000种，而随着食品制造技术不断创新，今天已经达到了4万种，我们在任何地点、任何时间都可以获取很多种食物。虽然这给我们带来了极大的方便，也降低了我们对饥饿感的忍耐能力，甚至连轻度的饥饿感我们也无法忍耐。在消除饥饿感的问题上，我们希望自己的需求能够立即得到满足，这种即时满足感大大加强。请想象一下这种情况，如果你去参加一次聚会或去一个朋友家吃饭，结果自己饥肠辘辘，饭还没有做好，你是否会感到烦躁、沮丧甚至生气呢？

这可不是一个小问题，因为其背后的真正原因是我们对于无法立即解决饥饿感的恐惧已经加强了。同时，我们也渴望更加快速地满足自己的冲动。最终的结果是什么呢？只要轻微的饥饿感就可以成为焦虑和不适的触发因素，我们的生存本能也会受到激发。我们人类的祖先可能好几天不吃东西都没问题，但今天你能想象得到吗？我们大多数人都发现，即便几个小时的饥饿感，也越来越难以忍受。

更加有趣的是，与"即时满足"联系在一起的众多标志，如快餐连锁店的品牌形象和图标，却会给我们带来不适感。在上一章中，我们探讨了多伦多大学的钟谦波和桑福德·德沃这两位研究人员，他们进行了一系列实验，研究了快餐店标识与肥胖症及决策行为之间的联系。你可能还记得，他们的实验对象长时间观察快餐店的标识之后，出现了更加缺乏耐心以及更加冲动的行为。这些研究人员还发现，快餐符号和人们的幸福感知能力之间存在一种惊人的关系。他们的研究对象倾向于选择短期目标，而非长期目标，而且越来越难以找到愉悦感。这个结论清楚地揭示出这样一个结论：随着人们在食品问题上获得即时满足的需求越来越强烈，这种获得即时满足的欲望产生的深远影响远远超越了饮食领域，它会影响我们的决策方式，导致我们更加烦躁不安，并损害我们的幸福感知能力。从本质上讲，人们对获得即

时满足的需求会在头脑和身体里制造不适感，而当这种不适感加剧到无法管理的地步，就非常有可能引发恐惧反应，并唤醒我们的生存本能。

这会对我们的日常生活产生很大的影响。这种例子俯拾即是。我注意到人们应对挫折的忍耐能力越来越低，而且这类病人的数量呈现出了迅速上升的趋势。很多病人向我求助，希望我能帮助他们应对挫折。我发现他们所说的挫折实际上只能算小挫折，而这些小挫折却能够导致他们出现严重不良的行为方式或情感反应。以堵车为例。堵车最多能给我们带来轻微的沮丧感，但越来越多的人倾向于用极端方式来处理这种小问题，比如大声说一些骂人的话，甚至还有人会通过枪支与暴力来发泄怒气，而在30年前这类事情是极其少见的。悲哀的是，现在我们对此已经习以为常了。

还记得我们在第2章里提到的詹姆斯的故事吗？只要出现一丝的焦虑和痛苦迹象，他就开始通过服药的手段加以缓解。与那些通过暴力手段来发泄怒气的人相比，詹姆斯的案例似乎并不那么极端，但这两类习惯的形成过程却是类似的：随着他的不适阈值越来越低，他便逐渐接受了生存本能的摆布，以至于采取夸张的手段去应对不适，而这些手段往往就包含对外部因素的依赖。还记得我们在前面提到的凯特的故事吗？在条件反射的作用下，哪怕出现一丁点儿的饥饿感，她都会迫不及待地找食物充饥。詹姆斯和凯特的案例都表明，我们对不适感的管理能力越来越低，而这又进一步影响着我们的行为与情感。

互联网搜索引擎与即时满足感

我们对即时满足感的需求日益强烈，其背后原因除了 20 世纪日益风靡的快餐之外，近年来功能强大的互联网搜索引擎也起到了推波助澜的作用。以我个人为例。前不久，我与一位亲密的朋友兼同事到加利福尼亚州的猛犸湖度假胜地去旅行。在层峦叠嶂的大山里，我们试图回忆一位研究人员的名字，这位研究人员曾经发表过一篇关于心身医学的文章。我们都认识这个人，但都记不起他的名字。于是，我们两个几乎本能地掏出智能手机，想搜索一下，却发现信号不够好，没法连接互联网。我们都笑了，并相互打趣地说几个小时以后才能结束旅行，在这之前我们不得不先暂时忍受一下这种不确定性和不适感。我们还开玩笑地说在无法得到即时满足的焦虑和压力面前，看谁能更好地应对，谁会先崩溃。所以，虽然当时我们对资讯的需求没有得到即时满足，但我们仍然是快乐的，而事实上，谷歌之类的搜索引擎技术已经极大地改变了我们的生活。在生活中，我们想获得什么资讯，想寻求什么答案，一定要立即找到。我们想得到什么反馈，立即就能得到，任何不确定的事情，立即就能找到答案，于是再也不愿意压抑自己对获取资讯的欲望。老人们都记得，在没有互联网的时代，为了寻找答案和知识，人们不得不在图书馆劳心费力地翻阅一摞摞的图书和期刊才能找得到。

如同微波炉和食品行业一样，互联网搜索工具也影响了我们的不

适管理能力。一方面，利用这些工具，我们可以立即满足自己的需求，找到问题的答案，缓解我们的不适；但另一方面，这些工具是把双刃剑，通过这种手段来应对不适是错误的，会降低我们的不适阈值。我们养成了获得即时满足的习惯之后，就会提高自己在生活中处理事情时的期望值，忽然之间我们希望所有的冲动都得到尽快满足，就像按下一个按钮那么快。但在实际生活中，由于我们不可能即时满足所有的冲动，所以引起不适感的因素也越来越普遍，结果就导致我们的不适感越来越强烈，生存本能被激发出来之后，便在我们的生活中扮演着越来越大的角色。换句话讲，虽然从短期来看，获得即时满足能够满足我们的期望，但最终会导致我们形成一种心态，即无论遇到什么问题，总是倾向于寻求短期性的解决方案。我们很多人都知道，这种做法往往是不可取的，不能用这么简单化的方式去对待生活，真实的生活要复杂得多。如果我们一遇到问题就想着怎么去寻找一个快速的、令人满意的解决方案，那么到最后无异于自找麻烦，因为当这种方式在生活中行不通时，我们注定会体验到更多的不适感。

下面我举一个例子。一位名叫扎克的病人在其 29 岁时第一次来找我，让我帮助他管理与工作有关的压力。那是他从法学院毕业后的第一份工作。如同许多年轻的律师一样，他也接受了一份在一家大公司的工作邀请，希望能够迅速晋升，有朝一日也能成为该公司的一个合伙人。但我们经常看到的情况却是，在久负盛名的大公司里，像他这样的年轻律师最终只能为资深律师做一些繁重而琐碎的辅助性工作。在这个公司工作了几年之后，扎克发现自己越来越不喜欢这份工作了，因为晋升的速度不够快。他发现自己变得急躁、易怒，并且出现了注意力难以集中的问题。这就促使他来向我求助。扎克反映了很多他这一代年轻人的经历。我帮助过很多这样的年轻人，他们的共同特点就是年轻而富有雄心，但容易因为公司烦琐的晋升过程而苦恼和愤怒。这一代年轻人在成长过程中被灌输的人生哲学就是"雄心和努力应该得到报偿，而不能紧紧盯着最终结果"。这一哲学原本是为了弥补前几代人的失落，因为他们除了完全取得成功之外，根本不会得到他人的赞许和欣赏。所以，扎克和他的同龄人在成长过程中无论是否完全取得了成功，无不是经常受到称赞。他们都是在鲜花和掌声中长大的，他们是经常被人称赞的一代，即便那些在比赛中取得最后一名的人也会获得奖杯和奖牌，而且他们参与的每一个项目、做的每一件艺术品、写的每一篇文章都被认为是值得喝彩的。

不幸的是，这种成长经历导致扎克形成了一种错误的心态，总是想投入较少的努力而获得更多的回报，期待自己的努力能迅速地获得回报。他的成长方式导致他在现实世界的工作中很难处理纷繁复杂的矛盾，而是倾向于逃避矛盾，即便这样会对自己造成严重后果，也在所不惜（考虑到这家公司所在行业的性质，的确存在大量的矛盾）。所有这一切都导致这个年轻律师深感失望与不满。简单地说，扎克对获得即时满足感的需求与其不断下降的不适阈值结合在一起，激发了他的生存本能。

新的性革命和成瘾环路

如果我们过度追求即时满足感，尤其是一心想让自己的不合理期待得到即时满足，那么就有可能招致有害的结局。扎克的经历只不过是一个例证。除此之外，我们从其他方面也可以找到很多例证。这些例证的一个共同之处就是人们为了逃避不适感，会产生强烈的，有时甚至是不可抗拒的冲动，迫不及待地获得即时满足。我在诊疗实践中接触过很多在性方面追求即时满足的患者。乍一看来，人们对于迅速获得性满足的需求与我们在工作中做好一件事情之后渴望立即获得回报之间存在很大区别，但这两个情景之间的共同之处可能会超出你的想象。

在现代生活中，无论我们是否刻意寻觅，所接触到的性刺激因素越来越多，包括色情文学（在这方面互联网功不可没）以及媒体上的性暗示和性信息。这一事实是无可否认的。随便找个家长问一下现在抚育孩子的感受如何，他们肯定会感叹社会环境的变化，因为从性解放的角度来看，与他们成长的那个时代相比，今天的世界变化太多了。在当前这个时代，暴露而性感的服装十分风靡，为原本就已无处不在的性刺激增添了一个新的元素。这就意味着人类大脑边缘系统会分泌出更多的多巴胺，神经回路也会表现得更加活跃，从而带来更大程度的兴奋和刺激，久而久之，会强化神经系统的焦虑倾向。

对一部分人而言，这种影响最终演变成性上瘾，他们会越来越多地通过寻求性满足来管理自己的不适感，久而久之，他们对焦虑和不适的忍耐能力就会开始下降，以至于到最后日益频繁地通过性来获得安慰。不幸的是，这类上瘾症，尤其是对色情的上瘾，会呈现导致人们对性的感知能力出现螺旋式下降的趋势，也就是说，一旦形成了这类上瘾症，能够有效满足性需求的刺激因素就会越来越少，而他们的需求也会越来越明确。比如，一旦对性形成了上瘾症，或者说强迫心理，那么，对性刺激的需求就会变得越来越明确，而且由于对不适感的忍耐能力出现迅速下降，这类患者出于自愿而"延迟满足"的能力就会大大降低。

我引用性上瘾症作为例证，并不是如你想象的那样极端。你可能不是很了解这类上瘾症，但它和其他诸多注重获得即时满足感的行为方式具有一个共同点，即随着我们获得的东西越多，焦虑水平就会越来越高，获得安慰所需的东西也会越来越多。我们的冲动非但不会减少，事实上反而会增加。我们所看到的酗酒者和吸毒者就是如此。他们饮酒或吸毒之后，会出现一定的幻觉，他们迫不及待地想体验这种感觉，而这些东西被滥用得越多，为了消除不适感、获得满足感，需要的时间越来越长，滥用剂量越来越大。所以，这就是一个愈演愈烈、无休无止的过程。正如我在前面所讨论的那样，无论是食品、酒精、药物、性或其他方面的上瘾症，人们追求得越多，多巴胺水平的不足就越严重，而这又会进一步加重上瘾症，从而形成恶性循环。

为了研究这种无休无止的成瘾环路（addiction loop），人们已经

开展过一系列著名的实验，其中有一些实验是在老鼠身上做的。研究人员给老鼠一个选择，老鼠每按一次控制杆，其大脑的快感中心就会受到一次微弱的刺激，结果，老鼠经过反复学习，逐渐形成了条件反射，通过自我刺激来追求快感，按压控制杆的频率和时间越来越长，不必说，结果肯定是老鼠累得筋疲力尽，濒临饿死的边缘，甚至连离开控制杆的力气都没有了。还有些研究人员让老鼠通过按压控制杆来获得水和食物，结果他们注意到，如同人类行为一样，老鼠也不知足，稍微休息一下之后便立即去按压控制杆，以便继续获得满足感。

现在，我结合性上瘾症解释一下这个现象。对于有些人而言，利用性来控制焦虑，最终会变得更加冲动，更有可能采取冲动的行为。这可能会催生出一些后果严重的反应方式，比如恋童癖、性暴力、性虐待以及在互联网上从事涉及未成年人的犯罪活动。性暴力和性虐待广泛存在于影视作品中，但这无助于满足上瘾症患者在性方面的需求，只会加剧他们的焦虑和不适。

在我们人类的整个文化中，人们对获得即时满足的追求越来越高。这给我们传达出来的一个关键信息就是，其影响远远超越了暴饮暴食、暴力、酒精、毒品以及性的范畴。我们不再满足于仅仅实现最基本或最原始的欲望，我们的文化已经习惯了用快速的方式去满足欲望和冲动。但这种对即时满足感的追求非但没有减少我们内心的失衡，反而导致其进一步加剧，结果导致生存本能更加脆弱。

性上瘾症的患者，尤其是沉迷于网络色情的患者，数量越来越多，甚至达到了令人震惊的地步。所以，这类疾病很有可能会被美国精神病学会列入其编制的《精神疾病诊断与统计手册》。比如，肖恩就属于这类患者。最初他向我求助时，只有 32 岁。他希望我能帮他戒掉对网络色情的依赖。有时候，他一天之内就先后五次通过网络色情来获得性满足。你可以想象得到，这种强迫性的习惯肯定会对他产生伤害，严重干扰他的工作和社交。他无法完成工作，也开始有意识地疏远朋友和女友。虽然一开始肖恩只是把网络色情作为获得快感的一种方式，但它逐渐演变成一种上瘾症而令他难以自拔，随着不适程度越来越高，网络色情便成为他管理和控制不适感的一种手段。这与那些基于同样目的而形成酒瘾或毒瘾的人并没有什么区别。

只要出现一丁点儿的不适迹象，比如工作压力大、在人际关系中遭遇了某种冲突或问题，肖恩就会条件反射式地通过网络色情来宣泄情绪，而这导致他陷入了一个危险的、愈演愈烈的恶性循环。虽然他依靠网络色情获得的满足感越来越短暂，但每一次的满足却进一步巩固了他在这方面的需要。他从网络色情中获得的安慰越多，就越是渴望它。最终，我对他进行了干预治疗，帮助他摆脱了对网络色情的依赖，使他学会了管理生活中的不适，消除了对不适的恐惧。这种治疗产生的另外一个效果就是消除了他对即时满足的追求。

魔鬼般的电子设备

我和朋友到山里徒步旅行的那天，我们无法通过上网来解决一个

亟待解决的问题。对我来说，这是一个很好的例子，生动地说明了我对现代技术的依赖。当时，我们身处群山之中，远离现代文明，但我们仍然迫不及待地想寻求一个即时解决方案。今天，现代技术具有非同一般的吸引力，只要轻轻地敲击一个按键，我们就能轻而易举地开展研究和商业活动。所以，我们太容易沦为现代技术的牺牲品了。电脑在我们的社会中得到了日益普遍的应用，却极大地提高了我们的焦虑程度以及我们对不适因素的敏感性。我们在调查研究中得知，使用电脑的行为会引发生理紧张，导致血压升高，心跳加快，并改变呼吸模式。电脑毕竟是一种机器，它的操作依赖于精确的编程，如果某些要求无法满足，就无法操作，这种风格可能会引发更大程度的不适。在这方面，电脑具有强迫症和完美主义的特征，甚至有可能影响到我们对整个世界的看法。这一点乍一听来可能有些离奇，但仔细思考下电脑的本质属性，似乎并不难理解。想想看，在电脑世界里，不存在模棱两可的东西，一切都经过了精准的编程，你也必须按照这些固定的程序去操作。随着时间的推移，我们很容易采取精准而绝对的标准去看待现实世界。当然，现实世界绝不是非黑即白般的精准。

你也可以换一种方式去思考这个问题。如果你在电脑屏幕前连续坐上好几个小时，会发生什么呢？当你集中精力地紧盯着前面的屏幕时，就容易习惯性地把电脑作为观察外部世界的窗口，从而丧失了观察真实世界的能力。相似地，电脑会影响我们体验世界的方式，常常导致我们的思想与真正的现实脱钩。这就解释了为什么电脑在众多领域越来越普及，而人们对模糊性、不确定性的忍耐能力越来越低。我们不喜欢不确定性因素，不喜欢无法按照绝对标准去定义或解决的情况。在现实生活中，我们不能像操作电脑那样以绝对标准解决问题。比如，当你在工作中遇到一个难以相处的人，你不能按下"删除键"。如果你肩负着照顾生病的家人的重担，那么你无法按下"重启键"并给家人"上传"一个完全健康的身体。如果你遭遇了一场车祸，你不能按"快退键"或采取不同的路线。与技术世界不同的是，现实世界并不遵循计算机代码的规则，很多问题都无法通过敲击一个按键得到解决。

我们那些理想化的和强迫性的行为，不仅仅归因于电脑的普及，还可以归因于其他方面的生活。虽然人们通常能够在强迫症和完美主义的驱动下取得较高的成就，但如果涉及工作环境之外的问题，这两类做法就不灵验了。你可以想象得到，如果一个人患有强迫症，而且时刻奉行完美主义，对他人的预期非常高，总是希望自己的人际关系完全符合自己的逻辑方式，那么在人际关系中，他们肯定会给别人造成巨大的压力，因为人类存在一些固有的不完美性，我们的合作伙伴也不可能完美无瑕。

当然，沟通方式的演变趋势也加剧了这种情况。电子邮件和短信非常简便，它们的普及改变了我们与他人的对话方式。现在，我们和他人的对话方式往往停留在非常基本的、表面的层次上。随着这种方式的沟通越来越多，我们在人际关系中就会丧失有效沟通的能力，因

为人际关系的发展需要的不只是一些破碎的话语片段或缩略的句子。这样就会给我们带来冲突，加重我们的焦虑感。久而久之，这种焦虑倾向会越来越严重。

无聊倾向的加剧和对持续刺激的需求

我们都知道，随着电脑的兴起，如今许多人每天尽可能工作 24 小时，而每星期又尽可能地工作 7 天，这就是所谓的"24/7 生活方式"，很多人几乎没有任何机会从中摆脱出来。我们很多人都觉得自己的节奏太快了，甚至没有足够的自由时间坐下来，什么也不做地去享受几个小时没有工作负担的生活。有时候，我们的人生似乎是在一条条短信或电子邮件中度过的，不停地满足着工作和家庭的需求，自己仿佛永远处于"运行状态"。我们的文化对智能手机的依赖性越来越强，我们不断地等待着下一条消息的到来，而这加剧了我们的焦虑程度，降低了对不适感的忍受能力。请回想一下我在前面提到的安德莉亚，她的焦虑水平就是通过这种方式加剧的，最终形成了一种逃避式的不良行为模式。我还介绍了威尔的案例。他以类似的方式患上了失眠症。如果你很长一段时间没有收到任何类型的信息，你会感到焦虑不安吗？如果你有一段时间内没收到任何一条信息，你会出现什么感觉？无聊、焦虑、孤独，还是抑郁呢？如果我们收不到任何短信，收不到电子邮件，就可能对身体和精神产生十分深远的影响。我们可能会感觉自己与这个世界断绝了联系，会产生疏离感，仿佛还没有系好绳子就被抛入了太空一般。

我们越来越依赖外部刺激，而当我们无法得到刺激的时候，焦虑水平就会自然而然地开始上升。我在前面讲过，当我们今天回过头去重温一部很多年前看过的老电影时，我们可能会觉得它单调乏味或情节进展缓慢，迟迟找不到能够给自己带来刺激的那部分，以至于找不到自己所期待的外部刺激。现在的一些电影导演和编辑们注意到了这个趋势，为了满足观众的需要，为观众提供更大程度的刺激，缓和观众的无聊倾向，让观众保持兴趣，更多地采用了电影剪辑和衔接的手法。

在年轻人身上，我们可以更加清楚地看到人们对外部刺激的需求是多么贪得无厌，因为他们经常同时做好几件事，比如，做作业、听音乐、看电视、回复电子邮件和短信，同时还吃着零食。但是，这种现象并不仅仅局限于年青一代，我目睹了越来越多的成年人也养成了这类习惯。似乎可以说，人们对源源不断的外部刺激的需求，已经达到了上瘾症的地步，以至于一旦得不到外部刺激，就会感到焦虑。如果要求人们放弃一些刺激，他们就会陷入一种消极的状态，导致焦虑状态演变成了不适状态。在工作中，我几乎每天都能看到这种情景的发生，因为当我让听音乐的病人关掉耳机时，很多人似乎都觉得这是一件痛苦的事，他们不会选择彻底关闭，而是降低音量，以平息他们的焦虑和不适。

不幸的是，他们对外部刺激的需求非但不会弱化，反而不断加

强，最后需要更多的刺激，同时也推高了自己的焦虑程度。我们越是容易受到外在因素的影响，多巴胺水平就越低，我们就越容易在提高多巴胺的过程中被束缚住。其实，我们是陷入了一个恶性循环，在这个循环中，无休止的焦虑引发了不适，激发了生存本能，导致生存本能时刻处于激活的、敏感的状态。换句话说，生存本能变得难以满足了。这类似于一个吸食海洛因成瘾的患者，最初吸食海洛因能够带来极大的快感，但几个星期之后，就不会再产生这么强烈的效果，需要越来越多的毒品才能获得原有高度的快感。简而言之，这些上瘾者为了满足生存本能的需要而付出的努力将会越来越徒劳，最后只会换来更加难以消除的焦虑和不适。上瘾者会迫不及待地抑制不适阈值的下降趋势，但这个过程却会加重上瘾症。而且，如同瘾君子一样，我们所有人都越来越容易产生不适感，很大一部分人习惯性地感受到不适、不幸福，生存本能也处在一种长期激活的状态中。

其他一些导致心理外化的隐秘因素

到目前为止，我们一直在探讨电子设备、追求即时满足等比较明显的外部因素如何提升了我们的焦虑和不适水平，同时降低我们的不适阈值。然而，除此之外，还有一些比较隐秘的、微妙的因素也在无声无息地影响着我们，而且超出了我们的意识范畴，那么这些因素是如何产生影响的呢？我们往往很容易忽视这些"暗流"的影响程度。然而，需要注意的是，我们的焦虑和随后形成的不适，并非严格地受到外部因素是否明显、是否响亮、是否可见的影响。一些比较隐秘的、微妙的因素也会导致我们的不适阈值大大降低，并严重影响着我们管理不适感的方式。

我们往往认为看电视、电影或广告是被动的事情，但实际上，这个过程会引发大量的条件反射，而且大部分情况下我们都意识不到。商业广告尤其如此。广告商试图通过能够影响我们潜意识的信息和其他条件反射策略把他们的产品推销给我们，其中既包括视觉暗示，也包括听觉暗示。广告商和广告公司花费数百万美元用来揣测如何让他们的信息对我们产生最大的影响。他们往往充分利用条件反射的力量，通过引起我们的情感共鸣而让他们的信息深入我们内心。

这类广告的目的是让消费者采取行动，而要达到这一目的，就要刺激消费者，刺激方式就是让消费者产生焦虑。换句话说，就是让消费者觉得如果自己的不适感没有得到解决，就会感到焦虑不安，而广告中的产品被描绘成解决不适感的良方。很显然，广告商的目的就是促进其产品的销售。他们发现，如果一则广告包含着这样一个内在主题，即只有他们的产品可以让你感觉更舒适，比如感觉更幸福、更有精力或者更能减轻你的痛苦等，那么这样的广告就容易成功。

除了潜移默化地施加影响之外，心理外化机制导致我们更加焦虑的另外一种方式就是增强我们与外部因素的联系和依赖，简而言之，就是增加接触的次数。比如，植入了精心设计的广告的电影、新闻报道、图片、文章和音乐狂轰滥炸般向我们袭来，成功地对我们施加了

影响。但这些信息对我们施加的影响不一定是有益的。(事实上，它们为我们的生活树立了新的参照标准，比如，我们应该穿什么、应该为什么而感到高兴、应该赚多少钱、应该保持什么样的面貌、我们应该同什么样的人结婚或约会、怎样才算是性感等。)此外，它们无意中加强了我们对外部参照标准的依赖性，牺牲了我们内在的参照标准，而内在的参照标准才能更加准确地反映什么才让我们更健康、更充实。心理外化倾向越严重，我们经历的不适就越多。

心理外化有可能为我们树立一种有害的参照标准，其中一个最显著的例子就发生在减肥方面。我们知道，我们的文化非常注重以瘦为美。美容杂志和节食理念的盛行都在渲染着这种观念，媒体上，尤其是电视和电影上，也都大量地展示着这种以瘦为美的审美品位。当然，我们力争实现瘦身这一目标，年轻女性更是如此。这些女性在外部因素的影响下强迫自己去迎合这些外在的标准，有时候甚至会采取一些极端做法，比如强迫节食、服用泻药或过度运动等。她们习惯性地处于一种不适状态。为了快速缓解不适，她们很容易养成一些不良习惯，如吃药或吸毒，而这些习惯本身就是陷阱，只会导致问题越来越严重。她们有可能通过服用兴奋剂来促进新陈代谢和减肥，而同时她们又惧怕这些解决方案给自己的心情带来的破坏。在极端的情况下，有人可能会在外部因素的影响下选择通过整容手术来永久性地消除不适。

虽然我们的心理外化倾向逐渐加强，但一个不得不面对的现实就是我们不可能永远满足那些人造的、外在的标准，至少可以说满足这种标准的方式不可能永远是有益健康的。此外，令人更加沮丧的一点是，有些人造的标准根本无法得到完全满足。这样一来，人们的自尊心势必会受到创伤，焦虑程度势必提高，而这到最后又会演变成高度的不适感，为了寻找快速的解决方案来抑制不适感和生存本能产生的负面作用，人们又容易形成一些不良习惯。但正如我在第5章中所讨论的那样，这些解决方案不仅会降低我们的不适阈值，还会促使我们更加注重外部解决方案。这样一来，人们通过内心的力量实现自我舒缓的能力就会遭到削弱。

心理外化机制对我们的影响也可能以更加微妙的方式进行。人们曾经开展了大量的实验，揭开了广告对人体生物化学反应过程的影响。神经营销学是市场营销学的一个新领域，旨在研究我们对市场营销方面的刺激因素的反应过程。为了了解我们的决策过程以及该过程与大脑不同部位之间的联系，研究人员使用了很多先进技术，比如利用功能性磁共振成像技术来监测神经元活动，利用脑电图技术来监测大脑特定部位的活动，利用传感器来测量心率、呼吸率、皮肤电反应等生理指标的变动。这样一来，广告商就可以利用这些研究成果，通过非常微妙的方式促使消费者产生焦虑，进而让消费者对其产品产生需求。

如果我们没有对一个外部信息形成有意识的反应，它会影响我们吗？答案是肯定的。举个例子，请回想一下你上一次和朋友或家人坐

在沙发上看电视的情景。当该节目播放过程中突然插入广告时，你就会开始与同你一起看电视的人聊天，直到节目重新开始播放。在这个过程中，即使你没有刻意去关注广告本身，它们仍然能够以微妙的方式对你产生影响。是的，的确会产生影响。2007年，伦敦大学学院（University College London）的研究人员率先发现了这方面的生理学证据，这些证据表明潜意识的图像也能吸引和改变大脑活动。换句话讲，我们的大脑甚至可以记住那些已经投射到我们视网膜上，但我们没有刻意去观察的事物。这项特殊的研究利用了功能性磁共振成像技术，通过对大脑神经元活动的测量证明了这一结论。

这也说明外部因素能够以隐秘而危险的方式对我们施加影响，影响我们的焦虑水平和不适阈值。

因此，无论我们是否喜欢，都在受到外部因素的影响，这些因素既有明显的，也有微妙的，有时候甚至是潜意识的。但这些外部力量无论是否明显，其影响都绝非无足轻重。相反，它们会对我们的生活产生深刻的影响，加剧心理外化的趋势，导致我们低估了内心的参照标准的作用，挫伤了我们的自尊心，干扰了我们的社交和工作，所有这些都会提高我们的焦虑程度，降低不适阈值，进而激发生存本能，促使我们形成一些坏习惯，提高我们对某些消费品的需求。在大多数情况下，这些影响都是在连续多年的时间里逐渐加强的，到最后才改变我们的行为方式，改变了大脑和人体其他部位的生化反应过程，并把我们的焦虑程度提高到空前的高度。因为这些因素的影响不会减弱，更有可能加强，所以，要想办法削弱这类影响就显得十分重要。

这就是我们接下来要探讨的内容。在接下来这一部分，我将讨论一些策略，你可以运用这些策略将外部因素引发的焦虑减轻到最低程度，并逐步把生活和健康的主导权掌握在自己手中。

第二部分

生存的本质

Your Survival
Instinct Is Killing You

第 *8* 章

管理你的舒适区
——15 个简单的策略帮助你保持沉着冷静

在过去的 10 年里，关于幸福这门学问，人们写了大量的东西。科学家们发现，我们每个人都有自己的"幸福设定点"，也就是说，在基因遗传和后天习得的基础上，人们的幸福水平往往是固定的，似乎你的心理健康水平受到了"温控器"的控制一样，不论我们的生活发生什么，终究会回归到幸福的基点，回归到惯常的幸福水平。可以说，我们也有一个"不适设定点"，即在基因遗传和后天习得的基础上，我们能够忍受的不适水平往往是相对固定的，如果不适没有超过这个水平，我们就可以忍受，反之则无法忍受，而生存本能就会受到

激发进而控制我们。在本书的第一部分，我介绍了现代社会造成的巨大压力如何大幅降低我们的"不适设定点"，导致我们对不适的忍受能力低得惊人。这就是我所说的"舒适的悖论"：在一个为我们提供了很多舒适和成功机遇的时代里，我们却对很多困扰因素变得超级敏感，导致我们的身体对刺激因素形成过度反应，结果损害了我们的健康，损害了我们实现成功的能力。你可能也了解，任何事物都可能成为刺激因素，荧光灯可以触发偏头痛，上司的电话可能引发焦虑和极度恐慌。

　　然而，一个好消息是我们可以调整内心"温控器"的设置。虽然焦虑和恐惧永远是我们生活的一部分，但我们可以将恐惧转化为安全感，并提高我们应对不确定性和不稳定性因素的能力。我们可以有效地降低我们对生存本能的敏感度，并降低生存本能对日常生活中那些微妙的、不可避免的烦心事的反应强度。

　　当我们从上述的新角度认识了生存本能在我们生活中发挥的巨大作用之后，就可以找到更好的办法来实现自我治疗，并保持健康。我们可以学会如何照料那个拒绝被忽视的内心世界。等你读完这本书的时候，你就能了解如何在没有实际危险的情况下成功地解除大脑对不适因素的过度反应，以及如何形成新的、健康的方式来管理不适，这些方式不会带来不健康的习惯，不会让你暴饮暴食，不会引发痛苦和压力，也不会让你形成不良的人际关系或损害你的工作业绩。你甚至会发现，当你面临棘手问题的时候，你甚至会感觉到舒适与安全。

然而，要想提高你的忍受能力，首先要学会管理焦虑水平。现在，你肯定知道了焦虑对日常生活和长期健康产生的巨大影响。而且读到这个地方，你可能也猜到我不会推荐诸如服药、心理咨询等常规的办法。如果你能在日常生活中融入一些简单而非常实用的策略，你会惊讶地发现自己可以轻而易举地、毫不费力地降低焦虑水平，并弱化焦虑对不适阈值的影响。我不厌其烦地一次次重申：焦虑水平与压力不是一回事。压力通常是外部因素造成的刺激，这些外部因素包括工作要求、与同事或家人之间出现的问题或财务问题，而焦虑是自由浮动的，而且在其形成的时候通常不会被视为威胁，不会给人们带来明显的不适。在大多数情况下，我们意识不到焦虑的存在，但随着其积累到一定程度，最终会产生显著的影响。

下面是我提出的15个经过验证的方法，可以帮助你有效地控制自己的焦虑，并学会全新的生活方式。看看你今天能否把其中的一个运用到你的生活中去，并在未来几个星期内尽可能多地运用一些。这些策略中，很多无非是要求你自觉一些，并做好规划，而无须付出任何金钱、时间和不现实的努力。我鼓励你先通读一下，然后再从最简单的那一个开始着手。先从容易的入手，把难度大的留给以后逐步运用。一旦你知道了如何缓解焦虑，就愿意忍耐更大程度的不适，这是下一章探讨的重点。

1. 摆脱对现代技术的依赖

在前面一章中，我讨论了现代技术如何加剧了我们的整体焦虑。

电子邮件、短信、网上冲浪等现代技术推高了我们的焦虑水平，并使其维持在我们难以承受的水平。显然，这些技术在我们生活中的作用不会很快消失，因此，想办法更好地管理其对我们的影响，就显得比以往任何时候都重要。其中一个方法就是规定某些时间段，把自己从数字互动中解放出来，让你的心灵与身体喘口气，让你的焦虑水平降下来。

对于刚开始练习的人而言，我往往建议其在睡觉前至少拿出一两个小时，停止使用涉及工作的现代技术。在不必要的情况下限制技术的运用也是一个有意义的办法。我们使用电脑或智能手机的时间远远超过了实际需要。正如我前面所讨论的那样，我们会对这些电子设备形成依赖，用它们来填补空闲时间，应对混乱的生活。看看你能否限制自己的"在线"时间，如果并非必要，比如周末、假期或晚上与家人在一起时，就不使用手机、短信、电脑等。要制订计划，限制自己上网的时间，但要严格执行你制订的计划。如果你的孩子年龄大了，能够独立使用这些现代技术，那么也给他们设定一些限制时间。要教孩子们懂得"科技卫生"，越早越好。

2. 珍惜和忍耐不完美

我在前面讨论过现代技术的兴起导致我们更加注重对完美的需求，我们不仅要求自己完美，还期望别人完美。这是很危险的。人类具有一些与生俱来的、内在的缺陷，并且无论我们做什么，长期或持续保持完美的可能性都很小。如果人们在人际关系中期待完美，就容易引发争吵和冲突，具有明显的危害性。回想一下你上一次与心爱的人拌嘴的情景，可能就是因为某一方对另一方的期望太高，或者过于理想化。

然而，有趣的一点是，虽然电脑等电子产品导致完美主义在某些生活领域产生的影响越来越大，一些人在某些情况下却喜欢缺陷。在这方面一个很好的例子就是音乐领域。音乐已经成为数字化的产品，许多音乐家实际上更喜欢原先那种古老的、声音有些扭曲的音乐。就我个人而言，我喜欢早期的摇滚音乐，比如甲壳虫乐队最初发行的录音带，那时音色听起来更加原始，不太完美。我也比较喜欢看现场演出，而不太喜欢那种经过了精心修饰和灌制的唱片，这些版本的音乐是现代科技的产物。虽然科技追寻的目标是完美，但对于高科技以外的世界而言，我们或许不应该把完美作为自己追求的目标。如果我们抱着完美主义的想法，时刻不忘追求完美，就会给自己带来不愉快，导致自己缺乏对别人的接受能力、理解能力和忍耐能力，我们会永远觉得一切都不够好或不够完整。所以，真正的目标不是实现完美，而是自我完善，在这个旅途中不断发展，拥抱缺陷，并获得成长与学习的能力。我的一位同事兼好友埃文·夏皮罗博士曾说过，"达不到完美标准不算丢人"。因此，我们要追求连贯性，而不是完美性。

从某种意义上来讲，"不完美"反而为我们提供了机遇，我们可以借此机遇逐步改善不完美的状况，最终促使自己的生活出现建设性的改观。所以，你要努力尝试着去理解不完美，发现不完美的价值。

当你发现自己苛求完美时，要提醒自己完美状况终归是无法实现的，而且它会给你带来失望和不悦。即使自己是不完美的，你也可以学着接纳自己。不要把自己的尊严建立在外部架构和外部行为上，不必非要证明什么，不必非要在某个期限之前做好一件事，不必非要获得某一个奖项，等等。要尝试着去打消经常浮现出来的苛求完美、苛求获得外界认可的念头。消除自己对外界奖励和荣誉的依赖性，不要用外部的成功标准来衡量自我价值，学着对真实的自我形成良好的感觉，从内心着手提高自己的尊严，承认自己不可能永远保持完美，也不需要永远保持完美。我知道，这一点说起来容易，做起来难。在运用我提出的这些办法改善自我时，你也不需要苛求完美，不必强迫自己劳心费力，不妨经常性地（比如每天或每两三天）拿出五分钟，集中精力做你喜欢的事情就可以了。我将在下一章讲到感恩的力量，所以要先看一下你的生活中除了获得奖项、得到公众认可之外是否有令你感恩的东西。其实，很多看似简单的人或物却是值得感恩的，比如你的家庭和工作，比如你昨天抽出了一个小时的空闲时间坐下来静静地读一本书，等等。研究表明，人际关系和健康状况的改善往往会促使人们产生感恩的情感，因为这些方面的改善使人们能更好地管理压力和改善睡眠。此外，要学会感恩，还要学会理解合作伙伴和亲人的过失，学会理解不完美的情形。如果你的配偶、合作伙伴、朋友或同事下次做了一些不符合你期望或者让你感到十分生气的事情，不妨给自己一点时间，让自己停一停，缓一缓，提醒自己要努力接受不完美生活的挑战。你甚至可以把这一刺激因素转变为理解、欣赏、感激的源泉，毕竟，我们很多人曾经被心爱之人的缺点逗乐过！

3. 限制感官通道受到的刺激

我在第一部分中探讨了我们如何经常受到听觉、视觉、味觉、嗅觉、触觉等感官通道的刺激。这类刺激产生的一个影响就是我们会像上瘾一样不断地渴望获得更多的感官刺激。一种十分常见的情况是，如果外界刺激信息没有源源不断地输入感官通道，很多人就会长期性地感到无聊、无精打采。这会提升我们的焦虑水平。一个典型例子就是人们喜欢一边吃饭，一边看电视，一边和旁边的人聊天娱乐。请想一下这一过程会同时刺激到多少感官啊，除了表达，还有听觉、视觉、嗅觉、味觉和触觉方面的刺激。

为了消除对多重感官刺激的永久依赖，我们就要重新训练自己，让自己在感官刺激较少的情况下感到充实与满足。这一点是非常重要的，也是很有价值的。实现这一点比你想象的要容易得多，而且也不必非要跑到寺庙里去。你只需要每周预留出一定的时间，每次只刺激一两个感官通道，不要同时刺激多个通道。比如，在吃饭的时候，不要做其他分散精力的事情，不要看电视，不要读书，不要同别人说话，不要查收邮件，也不要读短信，只启动你的味觉通道和嗅觉通道就可以了。再比如，读书或读报的时候不要做其他刺激感官的事情，刚开始时，可以先从一个简单的方法入手，即全神贯注地去读一篇文章，中间不要停，也不要同时做其他事情。

4. 睡前让自己放松下来

在夜间入睡并不意味着你一定进入了放松状态。许多人会把白天的压力带到他们的睡眠中，其结果就是睡眠期间会多次醒来，影响睡眠质量，他们无法在安静的睡眠中得到充分休息，无法恢复活力，所有这些都会导致身体在早晨出现不适症状，比如头疼、胃部不适等。我在长期的医疗实践中了解到，如果在睡前听听能够放松身心的唱片，就可以非常有效地改善睡眠质量和第二天醒来之后的感觉。事实上，如果我只能帮助患者改善一件事情，那么我将毫无疑问地选择帮助他们改善睡眠，让他们获得更加高效的睡眠，而且通常来讲，要做到这一点，最简单的方法就是改变患者在睡前的活动习惯。对于那些在睡前不服用安眠药就难以放松的人而言，通过听音乐等方式放松身心，不失为一种特别有用的方法。

睡前听听放松身心的唱片，肯定会产生积极作用，而且操作起来毫不费力（除了唱片之外，也可以选择其他类型的音频来源，包括可以播放音频文件的便携式播放设备）。如果你对利用音频改善睡眠的方案很感兴趣，可以访问我的网站 http://marcschoen.com/。 在这里，你可以找到我最新的压力应对方案。在最近的一项研究中，我就采用了这个方案来帮助研究对象改善睡眠。为了检验患者的恢复效果，我采用的检验指标中，既包括主观性的心理指标，也包括客观性的血液分析指标。我进行了三个月的研究，并对比了研究前后的数据，结果发现，患者在接受音频方案的治疗之后，身体和心理的抗压能力都有了很大提升，同时机体内部的炎性反应也有了不同程度的缓解，这对改善体质与睡眠而言都是好事。我重点检测的一个生物化学物质是白细胞介素–6。这是由多种细胞分泌并具有多种免疫调节活性的细胞因子，其水平的变化非常容易受到体内压力反应的影响。在利用音频方案进行治疗的过程中，那些应答反应良好的研究对象的血管内的白细胞介素–6水平大幅降低（从我的网站上可以找到这项研究的详细内容）。

除了尝试专为睡前时段设计的音频节目之外，你还可以在美国国家睡眠基金会的网站（http://www.sleepfoundation.org/）上获取其他有助于睡眠的技巧和研究成果，并决定哪些材料有助于提高你的睡眠质量。

我想提出的第二个建议就是早点睡觉。很多人该睡觉时总是一拖再拖。每到睡觉时间，他们就开始找点别的事情做，迟迟不愿放下。如果你就是这个群体中的一分子，那就每周拿出几天尝试着早点去睡觉。你不必承诺终生都要这么做，先坚持一段时间，看看是否能体验到一些改善，包括睡眠质量的改善和第二天感觉的改善。睡眠，尤其是高质量睡眠的缺乏，对焦虑水平有直接的影响。

对于许多人来说，之所以对睡眠有一定的抵触情绪，可能与一些古老的因素有关，即睡眠意味着容易遭受危险，甚至死亡的危险。因此，避免睡眠是防范这种危险的手段。但久而久之，你无异于在教你的身体抵抗睡眠。从某种意义上说，你是在教你的身体抵抗自己的本

能。睡眠是大脑边缘系统最基本的驱动力之一，对这个系统的良性运作起到重要的保障作用。因此，你越缺乏睡眠，焦虑水平就越高。

如果你想在外界的帮助下形成有助于睡眠的行为模式，那么在其他着重讲述睡眠问题的书籍中，或者在我的网站上，你都能获得很多好点子。

5. 学会放慢速度

根据自己的经验和直觉，我们都知道放慢速度是有价值的，但问题是这很难做到，因为我们当前的文化往往强调速度，强调同时处理多重任务。有数据显示，同时处理多重任务会分散我们的精力，导致注意力不集中，这非常类似于前面讨论过的快餐文化引起的结果。当我们处在快速模式中时，就会紧张不安，高度警惕，这自然而然地会引发压力和焦虑。无论是放慢车速还是吃饭的速度，与别人讲话的速度还是办事的速度，都是有意义的。限制一下同时处理的任务数也是有意义的，比如，当你与朋友在一起时，就不要兼顾着收发信息、打电话等事情了。在上一代人之间，这些类似于强迫症的行为还被视为粗鲁和失礼的体现，而现代社会却已经成功地将其变成了能够为人接受的行为方式！这不能不令人感到惊讶！

6. 不要拖延

很多人有拖延的作风，即往往倾向于拖延本该及时采取的行动或本该及时完成的任务。在临床经历中，我发现拖延者往往是习惯性地去拖延，似乎这就是他们基因和个性的一部分。我还了解到这些人需要在外部的要求和压力下才会把事情做好，才能拿出最佳的工作成绩，而没有拖延习惯的人则认为等到最后一分钟才开始行动简直是无法忍耐的。拖延作风的确有可能是由基因决定的，所以我不刻意要求人们去彻底消除这类作风，而且要降低焦虑水平，也不必非在这一作风上做出重大的改变。

你可以想象得到，拖延通常会导致机体内部的焦虑水平处于高位，因为这些人通常需要在一定程度的刺激下才能完成任务，而这些刺激往往会产生有害作用，包括提高焦虑水平。在着手处理一项任务前等待的时间越久，焦虑水平上升得越高。拖延倾向还会损害人们的决策能力。今天，很多人经常会同时面对多个需要做出决策的问题，通常这些问题是通过电子邮件产生的。如果不在情况发生时或邮件到来时立即进行处理，那么就很容易将任务拖延一段时间，最后会导致问题堆积如山，而且需要在同一时间加以管理和解决，导致焦虑水平大幅上升，而这本来是可以避免的。

为了解决这个问题，请考虑一下每周预留出几天，在这几天内，努力少拖延或不拖延。请注意，这只是要你在某些时候有意识地解决拖延问题，而不是让你承诺长期坚持。我在前面提到过，每周要预留出某些时间，让自己远离现代技术，以逐步摆脱对它的依赖性。可以按照这种方式逐步消除拖延作风。我知道有些人声称拖延有利于成功，因为他们说如果在外界的逼迫下去采取行动或赶在最后期限之前完成任务，他们就会发挥出更好的状态。这些人可能会觉得改变自己

的拖延作风是很困难的事。

对于这些习惯性的拖延者，我的建议是，先找一些风险较低的任务，尽量不拖延，尝试着早一点去处理，看能否处理好。比如，如果你在管理电子邮件方面存在拖延倾向，那就每周预留出30分钟来管理收件箱。如果你去约会或参加会议总是迟到15分钟，而且这会给你带来痛苦，并提高你的焦虑水平，那就每周预留一天，把不迟到作为自己的目标，在这一天，无论做什么事，都不要迟到。你也可以选择一个经常迟到的约会，把提前15分钟出门作为自己的目标。不要一开始就觉得自己必须做出长期的承诺，先尝试一下，看看感觉如何。请记住，我们的目标不是完全消除拖延倾向。不幸的是，大多数人都在追寻这一不现实的目标。要知道，我们的目标仅仅是减轻拖延的程度，这样自然就可以缓解你的焦虑了。只要取得了一点进步，就能起到很大的作用。

7. 不要强迫自己完成所有工作

你经常因为无法完成所有工作、无法兑现所有承诺而恼火吗？甚至你可能会对自己说："如果我完成这件事，就可以放松一下，感觉会非常好，然后就可以离开办公室或者去度假了。"但如果你竭力完成所有工作，往往会处于非常忙碌的状态，这样会产生疲惫感，甚至会引发疾病。

如果人们在一天之内不顾自身能力的限制而竭力完成更多的事情，那么其焦虑水平就会升高。你在赴约的路上是否会多次停下来接打电话、回短信或做其他的事情呢？没准你会因此而迟到，一旦迟到，就会产生内疚感，从而提升了焦虑水平。

事实是我们很少能同时完成所有任务。我认为，如果我们确实曾经同时完成了所有任务，那只是碰巧了。我们不应该把它作为必须达成的目标。在当前这个各类要求、各类文件以及各类紧急任务的数量呈现爆炸式增长的时代中，我们要承认同时完成所有工作是不切实际的，就像实现完美一样不切实际。我们不应该把自己的舒适水平和幸福水平建立在实现完美、完成了所有工作之上。虽然尽最大努力去做每一件事情很重要，但让自己放松一下也不是什么羞愧的事情，如果你可以问心无愧地对自己说"我已经尽己所能做到了最好。我做得已经足够好了"，就没有任何令人羞愧的了。

8. 接受不确定性

不确定性是不可避免的。人们往往容易在不确定性面前感到非常不安，感到高度焦虑，这是人的本性。我们试图克服不确定性，竭力找到有效的方法来管理不确定性。我们的很多做法可能会加重不确定性对我们的影响。但有时候，不确定性会以建设性的方式自行消散。回想一下过去，是否能发现这样的情形呢？大多数人都经历过这样的情形。这就使得不确定性成为一把"双刃剑"。事实上，不确定性可以成为我们的"朋友"，因为充满不确定性的情形是一个有益的催化剂，会促使我们把事情做好，促使我们面对尚未解决的问题。但它确实也激发焦虑，给我们带来焦虑、恐惧和忧虑的情绪。既然我们现在

生活在一个处处充满不确定性的时代，最好能找到更好的方法去真正理解它、忍耐它、接受它，在不确定性面前产生舒适感和安全感。不要害怕它，要学着去接受它。

我在前面提到过，我们在下一章中将会探讨如何运用感恩的力量来管理不适。这会对大脑边缘系统产生深远的影响。现在，当你产生不确定感的时候，集中精力引导自己去认识它、理解它、珍惜它。你甚至可以集中精力想一下生活中那些值得你感恩的事情。通过这种训练，你便能够以健康的、建设性的方式去看待不确定性，从而调整对不确定性的反应方式。

9. 戒掉容易愤怒的习惯

愤怒情绪会刺激我们采取行动来保护自己，从这个角度而言，愤怒有利于我们的生存。在现代社会中，人类很少会面临真正的威胁，而大脑边缘系统往往容易对外界刺激做出过度反应，促使我们产生了很多没有必要、没有益处的愤怒和敌意。这可能会给我们的健康带来重大风险。大量的文献资料都表明愤怒、敌对情绪与死亡率升高及老年相关性疾病具有密切联系，甚至与染色体的一种特殊结构——染色体端粒的耗损有关。染色体端粒在决定动植物细胞的寿命中起着重要作用。

过于频繁的愤怒就变成了一种上瘾症，无论生活中是否真正出现了令人愤怒的情形，我们都有可能产生愤怒情绪。更糟糕的是，一旦愤怒变成了一种长期性的习惯，想要再放弃，往往存在很大难度。我们可能会抱有这样一种观念，即我们可以通过愤怒达到某种目的，比如保护自己或惩罚别人。但在现实中，愤怒只会给自己带来伤害。

为了戒掉愤怒的习惯，我们必须控制住大脑边缘系统的杏仁核，因为正是杏仁核促使我们在应对外界刺激过程中存在愤怒，甚至是报复的倾向。我们认为这样能够保护自己，其实是错误的，因为愤怒会进一步加重我们的焦虑情绪，让身体内部的"火焰"燃烧得越来越旺。所以，我们要考虑如何放弃愤怒，并学会宽容。如同健康状况和行为方式一样，宽容也是影响人口死亡率的一个重要变量。如果你发现很难完全放弃愤怒，那就考虑一下给自己预留一些固定的时间，在这段时间内，尽量少发怒或不发怒，并培养开放、宽容和接纳的态度，甚至可以有意识地引导自己多微笑。辩证行为疗法发现，即便一个非常勉强的微笑，也是一种具有建设性的治疗方式。你也可以参与慈善行为，比如去做志愿者或去帮助别人。事实证明，这有助于缓解愤怒情绪。你也可以考虑通过其他方式来应对你受到的伤害。传统的心理治疗、催眠治疗和愤怒管理小组在这方面可以起到很大的作用。

10. 生活要遵循一个有规律的时间表

本书讲述的一个主要问题就是鼓励你以更加容易和有效的方式去管理不适。为了管理不适，我们有时候应该努力让自己的生活呈现出一致性与可预测性，这是非常重要的。制定一个有规律的时间表，不仅有助于规避不适或恐惧，也可以为我们更好地管理不适打下更加牢固的基础。一般情况下，我们的大脑皮质，或者说我们的"显意识"，

往往喜欢新奇而厌恶可预测性，但我们的大脑边缘系统，或者说我们的"潜意识"，以及我们的身体可能偏爱可预测性。毕竟，人们可以无意识地从自己熟悉的、可预测的情形中获得舒适感。对这一点，养育小孩儿的父母们可能看得最清楚，因为孩子们会反复阅读同一本书或观看同一个视频。在我们眼中，这似乎是一种枯燥的、重复性的做法。因此，我们要让一部分生活呈现出熟悉性和规律性，在不确定性与可预测性之间达到一种平衡，只有这样，才能丰富自己的内心，通过内心的力量成功地管理生活中的不适。

那么具体应该怎么做呢？很简单：开始时要保持一个具有一致性的睡前作息习惯，放松身心。通过前面的讲述，你肯定已经知道了我在睡眠问题上的观点，即睡眠具有双重好处，不仅有助于降低焦虑水平，还可以帮助你在其他方面的日常生活中（比如饮食与锻炼）做出有规律性的安排。我在这里的目标不是阐述在运动、睡眠或进食等基本生活问题上制定一个时间表的好处，而是我们的生活要呈现出规律性和连贯性。如果我们经常做的事情有了规律性，那么焦虑水平就可以降下来。更重要的是，这种做法会给你更多的资源，使你能够应对更大的挑战。

事实上，在《疾病的终结》（*The End of Illness*）一书中，戴维·阿古斯（David Agus）博士从生物学角度出发，用了很大一部分篇幅来讲述规律性生活的好处。他反复强调了身体对可预测性的偏爱，并讲述了他的很多病人都臆想自己得了癌症，而实际上他们之所以产生这些想法，只是因为他们缺乏精力和幸福感。他为这些患者制订了一个简单的解决方案：遵守有规律的时间表。这意味着患者们要注意什么时间去睡觉、吃饭和锻炼，以及什么时间应该放下工作，给自己一些空闲时间。作息方式的微小变化可能对你的身体产生深远的影响，你可以尝试一下少睡一个小时，换个睡觉地点或者体验一下不同的感官刺激，看看会对你的身体或情绪产生什么影响。即便吃不同种类的食物或者更改吃饭的时间，都会产生一定的影响。

因此，很明显的一个事实就是，作息时间表的微小变化会影响我们的感觉和我们体内的焦虑水平。如果你的生活具有不稳定性和不可预测性，真的无法遵守一个有规律的时间表，那么我建议你每周拿出五到七天，在这段时间里，坚持在大致相同的时间去睡觉和起床。这样坚持一段时间之后，你的生活就会呈现出更大程度的规律性，这时再看看你的焦虑水平是否出现变化，然后再探索一下能否在其他方面的生活中形成更多的规律性。这样做一定会有利于你的身体健康，有利于降低焦虑水平。

11. 拓展你的心理舒适区

从表面上看，似乎我们只要停留在自己的心理舒适区，就能维持原有的舒适程度，但事实上，我们的舒适区受到的挑战越少，缩小得就越严重，而且我们往往没有意识到这一点。到最后，随着心理舒适区变得越来越小，容易激怒我们的事情就会比之前多得多。最好把心理舒适区视为肌肉，如果肌肉得不到锻炼和运用，最终就会萎缩与衰

弱。人类往往倾向于停留在这个固有的、熟悉的心理舒适区。所以，为了防止心理舒适区缩小，我们需要挑战人类这一倾向。除此之外，我们别无选择。为了在我们的世界中真正体验和维持舒适水平，我们必须制造出一些不适，这是一个悖论。换句话说，不舒适体验是舒适体验的必要前提。但我们可以做一些事情来挑战并拓展自己的心理舒适区，这个过程不需要你付出艰苦卓绝的努力，也不会带来什么痛苦。我的一些建议如下：

- 考虑选择不同于以往的上班路线或回家路线。

- 尝试不同的食品，比如能给你的味觉和嗅觉带来不同刺激的食品，甚至可以是一种你之前不喜欢的食品。

- 尝试一个新的爱好或有挑战性的工作。如果你不是一名舞蹈演员，那就参加舞蹈班。如果在别人面前讲话或者在社交问题上感觉很拘束，那就报名参加即兴演讲课或表演课。

- 听不同的音乐，可以是你之前不喜欢的音乐，或者与你平时的风格完全不同的音乐。

- 读一本能够挑战你信念体系的书，比如你不太认同或者很少了解的书。

现在，你可能会想，我刚刚还建议在生活中要遵循一个有规律的、可预测的时间表，以便规避"新"事物，比如新的就寝时间、新的午餐时间或一个新的锻炼时间，而现在又建议尝试着挑战心理舒适区，这二者之间会发生矛盾吗？我在这里有必要澄清一下，从事拓展心理舒适区的活动与在日常生活中遵循有规律的时间表并不冲突，因为时间表所约束的那些行为是日常生活中基本的、例行性的任务，并且关系生存的核心方面（比如吃饭、睡觉和锻炼身体）。通过调整这些基本的生存要素，你实际上为其他生活要素的全面调整创造了空间。

12. 让自己休息片刻

我们很容易形成一个特定的工作节奏，进而发现自己忽略了内心的平衡感。虽然我们所做的事情达到了外在的要求，或满足了外在的期望，但这往往在很大程度上牺牲了我们的内在节奏。换句话说，我们做事的速度可能太快，超出了内心的承受能力，从而损害了内心的健康与平和。我们内心的节奏之所以容易遭到忽略，就是因为它不明显，不引人注目。要理解这一点，我们可以想一下大海。对于大多数人来说，他们只看到了海面上的波涛汹涌，而海面之下的水体却比较平静和稳定，一切都显得悄无声息，很容易被忽视。然而，海面之下的水体却发挥着更为实质性的作用，而且其水量也远远大于表面的海水。

我们很容易因为表面的和眼前的现象迷失方向，容易把精力和注意力放在眼前最急迫的事情上，而那些不太明显却比较基本的、主要的需求则容易遭到搁置、拖延或遗忘。因为这一点，当内心出现了问题时我们往往毫无察觉，直到这些问题越来越严重，最终逐渐演变成

了某个明显的症状，导致了高度的不适，才会引起我们的关注。

但我们可通过一些非常有效的技巧来更好地保持内心的平衡。如同其他技巧一样，运用这些技巧也不需要投入大量的时间。我在长期的临床实践中发现，如果患者每次拿出一两分钟的时间去重新调整内心的节奏，即便每天只做两三次，那么他们疾病发作的风险也会显著降低。我曾经在加州大学洛杉矶分校开展过的一次研究为我的这个观点提供了证据，当时我们是为了研究催眠对于机体康复的影响，为研究对象注射了小剂量的破伤风杆菌，使其体内出现炎性反应。我们把研究对象分为两组，其中一组接受了自我催眠方面的培训，并接受了相关的指导，每次可以自我催眠两分钟，每天做两到三次。另一组是对照组，没有受到任何催眠方面的干预。

催眠组的康复速度比对照组快得多。通过这次研究，我们了解到，催眠有助于抑制炎性反应，因为那些每天做两三次自我催眠练习的人恢复的效果非常显著，而且根据我们的检测，其身体的炎症大大减少。但我们的研究结果中特别有趣的一点是，唯一一个产生抗发炎反应的部位是施行催眠术的那个部位，在当时那种情况下，这个部位是前臂。换句话说，我们可以针对身体的某一个非常具体的部位施行催眠术。另一个有趣的发现是，完成了自我催眠练习之后，许多研究对象在报告中表示他们几乎没有觉察到什么影响。他们的大脑皮质，或者说他们的意识无法充分识别和感觉到催眠对机体内部生化反应过程产生的巨大影响。这一点很重要，因为它再次表明了这样一个事实，即我们的大脑皮质通常无法评估正在我们内心和身体里展开的反应过程。所以，大脑皮质是否能感知到体内的变化，实际上不会产生什么实质性的影响。

如果你想通过自己的练习取得积极的结果，并不一定要学习自我催眠。你可以试试我推荐的呼吸技巧，就可以实现显著的效果。我把这些技巧称为"舍恩呼吸技巧"，我在之前出版的《何时放松会损害你的健康》（*When Relaxation is Hazardous to Your Health*）一书中就进行过这方面的讲述。我在下面列出了这些呼吸技巧。运用这些技巧是一个循序渐进的过程。你也可以去我的网站http://marcschoen.com/下载你需要的音频文件。这些技巧每天可以运用两三次，最好是在你感觉到焦虑水平开始上升的时候用。我们在下一章中也将运用这种技巧来重新调整大脑，以便应对更多的不适。

我要提醒一下，起初你可能会注意到放松效果只持续了几分钟，而且会怀疑这是否会有效果。这类似于我在加州大学洛杉矶分校的那些研究对象的情况。当时，那些研究对象也无法感知到自我催眠干预对其健康的影响。但是，请记住，我们感兴趣的是焦虑水平在一整天内的高低。如果这些技巧你每天运用几次，那么最终你肯定能够降低整体的焦虑水平。比如，如果你开车的时速通常是60英里（约合97千米），并在驾驶过程中体验到高度的焦虑和不适，那么一整天都运用这种技巧，你可能会发现你的平均时速降到了40英里（约合64千米）。而这个技巧应用得越多，效果就越好，你就越有可能重

新调整你的身体，使其平静下来，而你在一天内遭受的附带损害就越少。

舍恩呼吸技巧 ‖ ‖ ‖ ‖ ‖ ‖

我研究出的这一系列呼吸技巧，最初是为了帮助那些压力巨大的住院病人。在此之前的很多年里，为了让这些患者放松身心，我曾经尝试过其他很多呼吸和放松练习，但很多时候我发现那些技巧需要练习很长时间才能生效，或者患者觉得这些技巧太麻烦了，自己坚持不下去。

我决定找到另一种方法。我利用多种监测器来监测自己体内的一系列生化反应，包括监测我的心跳、血压、皮肤电反应、额肌反应和呼吸状况。经过多次尝试，我设计出了一套简单的技巧，能够迅速诱导身体进入放松状态，明显降低血压，并放慢心跳速度。

我发现，我的呼吸技巧有时候在短短的 45 秒内，就可以让一个压力巨大的人进入明显放松的状态。这些技巧的有效率高达 95%。我的呼吸技巧之所以能够如此高效地管理焦虑，其中一个原因是某些呼吸方式对大脑和身体有好处。对于这一点，科学资料有过多次记载。比如，我们知道，呼吸练习会直接影响到脑干区域，脑干区域又会反过来强烈地影响到心跳和睡眠等人类的基本功能。由于脑干发出的脉冲能到达大脑边缘系统，所以我们有能力调节大脑边缘系统，同时又影响自主神经功能，产生放松效应。

下面这些步骤将带你体验我的呼吸技巧。

首先，选择一个舒适的方式坐下，双脚放在地面上，背部挺直。把你的双手放在你的大腿上，手掌可相互对着，也可以朝上。做这个练习期间，你的眼睛可以睁开，也可以闭上。如果你发现自己正处在一个高度紧张和嘈杂的环境中，那就尽量找一个安静的空间，比如另一个房间、休息室，甚至可以是车里（当然，不要在驾驶时做这个练习）。

第一步：吸气

• 闭上嘴，用鼻子吸气，速度要缓，深呼吸 3 到 5 秒钟。

• 以一种舒适的方式吸气。吸气的时候不要让你的胸部感到过度的扩张和压力。不要抬高你的肩膀或过于强调用膈肌呼吸。

• 请将你的注意力放在你的胸部或头部，而不是腹部或脚部。

• 想象一下你的身体轻飘飘地缓缓上升或飘浮的感觉，不要有沉重感。

第二步：屏住呼吸

• 在完成吸气后，屏住呼吸 2 到 3 秒。

第三步：呼气

• 通过你的嘴唇轻轻地呼出少量空气，呼气时间持续 1 秒左右。不要通过鼻子呼气。呼气时发出柔和的"嘘"的声音（就是我们希望别人安静时的提示音）。

• 不要吸气，等待1到2秒，进行第二次呼气。

• 不要吸气，等待1到2秒，进行第三次呼气。

• 1到2秒之后，进行第四次呼气，慢慢地释放你肺部剩余的空气（延长"嘘"的声音）。但不要把肺部的空气全部呼出，以免被迫吸气。

• 经过几个周期的练习之后，延长呼气之间的间隔，

• 如果之前没有闭上眼，那么可以考虑闭眼，看看这是否会增强结果。

第四步：重复前3个步骤

• 连续重复4到6次。这将需要一两分钟。

第五步：问自己以下问题：

• 使用这一系列呼吸技巧之后，你觉得焦虑水平降低了吗？

• 你的心跳变慢了吗？

• 你能体验到轻松或平静下来的美好感觉吗？

请记住，这一系列呼吸技巧每天使用两三次，效果最好。如果你的焦虑或压力水平特别高，可提高使用频率。事实证明，通常情况下，在焦虑或不适形成的初期使用这一系列技巧，是最有成效的。

13. 延迟你对满足感的需求

在前一章中，我探讨了我们的文化是何其习惯于追求即时满足感

的，结果一旦自己的欲望不能即时得到满足，我们就会产生一定程度的不适。我将在接下来的一章中专门探讨如何提高对不适的忍耐度，届时将会继续谈到延迟满足的问题，但在这里有必要先强调一下。你可以先回过头去根据第3章中的焦虑测评表来测一下自己的焦虑水平，那个测评表里的很多问题都与你对即时满足感的需求有关。

想一想在你的生活中，你经常在哪些方面产生获得即时满足感的需求。比如，如果你发出去了一封电子邮件或一条短信，却长时间没有得到回复，你能感觉到自身焦虑水平的上升吗？如果你发现自己越来越无聊，那么为了让自己感觉舒适一点，你是否会迫不及待地想填补内心空虚呢？如果饿了，你会怎么办？会产生尽快找东西吃的冲动吗？如果你在一家商店或邮局排队，而那位办事的职员是新手或做事速度慢，你容易被激怒吗？如果你上午感觉到身体不舒服或疼痛，会破坏你一整天的心情吗？你在工作中或家里是否容易对某个人动肝火或不耐烦？

你可能会想出其他许多与你相关的例子。在你的生活中，至少找出两三个能够加重焦虑的方面，然后挑战自己，在这些时刻，不要为了减轻焦虑而采取任何形式的行动。比如，如果你饿了，那就比往常多等待一段时间，然后再去吃东西。如果你发现自己容易对某个人动肝火，那就有意识地强迫自己多一点耐心，少一些冲动。如果你喜欢的话，也可以翻一下自己的日记，回忆一下自己的经历，这个方法能很好地帮助你确定自己在哪方面最容易追求即时满足感，因此就确定

了应该从哪方面去努力。看看自己什么时候最有可能成功？什么时候尝试都失败了？哪些方法有助于你克服无法获得即刻满足引发的情绪及身体反应？

14. 尝试着放空自己

为了获得内心的平和与安宁，我们已经非常习惯于依靠外部架构的支撑，比如一直保持忙碌的状态或经常从事某种活动。但当这种外部架构不存在时，我们就很容易感到不安或焦虑 。我们经常在自己和他人身上发现这方面的例子。比如，当人们在排队或不得不等待时，往往会掏出智能手机来打发这一段空闲时间。我曾经在之前的章节中指出，今天的许多孩子在成长过程中，往往受到太多外部因素的影响，他们参加完一个活动之后接着就去参加另一个，比如上完足球课又去上钢琴课、表演课等。因此，对于这一代人而言，如果不把需要做的事情给他们事先计划好，如果不把他们的空闲时间安排得满满当当，他们就会感觉不适应，感觉应付起来很有挑战性。这是丝毫不足为奇的。我在前面几章里讲过，如果一个人不断地从一个任务转移到另一个，并需要不断的刺激，那么其体内的焦虑水平就会被推高。为了消除这种需要，那就给自己一些时间，放空自己，闻一闻玫瑰的芬芳，跟一个朋友聊聊天，或者静静地坐着沉思。放空自己是一件很有意义的事。

我记得，刚开始接受催眠训练的时候，我被要求去深山里独处三日，那里只有我一个人，没有人可以聊天，也没有音乐可以听。我要在那里用笔记录下自己的想法，练习催眠技巧，而且可以走动的空间也受到了限制。当时还没有手机，所以我就没机会给任何人打电话，更没机会玩智能手机。我永远不会忘记那段奇妙经历的第一天。那是一个星期五的下午，我当时感觉非常难受，为了摆脱这份"作业"带给我的痛苦，就迫不及待地去睡觉了。我当时基本上是无法接受那种状态的。当我周六早上醒来的时候，我多么希望能晚一点儿醒来啊，虽然我无法接受，但我不得不像前一天那样开始无聊和不适的一天。时间似乎过得特别慢，那种日子似乎永远不会结束。但到了周六下午，我的内心开始安静下来了，在那个开阔的、空荡的和没有那么多条条框框的地方，我不再像以前那样不舒适了。到了周日，我甚至开始希望可以不用回归到正常的生活。

你可以尝试着像这样放空自己。可以预料得到，你在这个过程中肯定会产生不安的感觉，尤其是刚开始尝试之际。你不必像我那样拿出三天时间，刚开始时一小时就足够了，然后逐步增加。你将会发现，当你体内的焦虑水平不断提高时，即便你不立刻采取行动，最终也可以找到一定的舒适感。但要记住，刚开始放空自己的时候肯定会产生一些焦虑，但经过不断的练习，你就会发现自己能体验到更大程度的舒适感。我希望你能做出健康的选择，而不是最终会加重焦虑的选择。

此时，对于我提出的"放空自己"的理念，你可能还有一些困惑。放空自己的具体方式可以是多种多样的。对一些人来说，可以摒

除杂念地静坐。但是，如果你习惯于同时进行多种任务，运用多个感官通道，比如在排队时习惯摆弄手机，则尽量控制自己不要同时做多件事情，不让任何事物分散自己的注意力，包括手边的杂志，看看自己能否心无旁骛地去排队。如果你与朋友在一起的时候习惯于发短信或等待电话铃声响起，那就尝试着将手机放一边，不要让任何事物分散你的精力。放空自己与我在前面提到的限制感官通道受到的刺激有所区别，因为通过放空自己，我们的主要目的是让你学会以一种令自己感到舒适的方式去面对开阔的空间和空闲的时间，去面对外部架构以及外部诱惑减少的情况。无论是和朋友在一起，还是在市场上排长队，试着把精力仅仅集中在一件事情上。

15. 多做体育锻炼

体育锻炼对降低焦虑水平具有至关重要的作用。这是不足为奇的。我们进行体育锻炼的目标是降低焦虑水平，因此只需要进行短时间的练习就行了。我们的目标不是对心血管产生什么影响，因为要达到这个目的，可能需要进行长时间的练习。在长期的临床实践中，我了解到，即使是短时间的体育锻炼，对于降低焦虑水平，特别是防止放松效应方面，也具有特别显著的效果。快走（短时间即可）、慢跑5分钟（原地慢跑也可以）、爬楼梯（几分钟即可）、伸展运动或者参与团体课程（如瑜伽、动感单车、普拉提课程、跆拳道以及尊巴舞蹈等）。请注意这不是为了让你参加马拉松比赛而锻炼，只需要超越平常的运动量就可以了。你可以不费吹灰之力地做到这一点，甚至每次只有 5 分钟、每天数次，就可以改变你的焦虑水平。我喜欢的一种锻炼方式就是，度过漫长的一天之后，坐在地板上做伸展运动，同时也可以听听新闻，甚至可以和旁边的人聊天或跟好朋友打电话。

如何从不适状态中逃脱出来

在你的生活中尽可能多地运用我提出的这 15 个策略，它们将有助于你规避危险的心理不适区，也可以防止你的生存本能被激发出来。但是，如果你已经处在这个危险区域，并且正在寻找更直接的缓解方式呢？那么，在接下来这一章中，我们将探讨如何通过另外一套策略来提高你的忍耐能力，从而有效地管理不适感。从本质上来讲，我们要做的就是训练大脑皮质和大脑边缘系统，以便在应对不适时形成更加有效的反应模式。这些策略有助于将危险的反应模式转化为人们的动力之源。

我们要记住一个重要的事实，即我们的目标不是彻底战胜不适，这是不现实的，而且效果会越来越小。相反，我们的目标是用一种有效的方法去应对不适，这将会对你的健康、幸福以及衰老过程产生深刻的影响。请记住，我们应对不适的方式可以深刻地影响到机体内部的生化反应过程，包括你的应激激素、机体的炎性反应、细胞老化以及基因表达方式。

第*9*章

如何变"不适"为"舒适"——顽固的生存本能

生活注定处于一种永恒变化的状态。对于这一点，我无论重复讲多少次都不为过。即便那些给我们带来欢乐和舒适的事物也注定会改变，也许它们今天还存在，而明天就消失了。我们难免会丧失一些让我们感觉舒适的事物。因此，我们要学着接受变化以及随之而来的不适。即便是"不适"一词，也需要从一个新角度进行再定义。我们往往倾向于把不适视为某种不好的、消极的事物，对它充满了担心与恐惧，总是想方设法地规避不适。这种倾向的确曾经起到过积极作用，因为如果我们把不适同恐惧和紧急的危险等同起来，就能帮助我们规避真正危险的情形。但正如我之前详细讲过的那样，现在与人类

早期进化的阶段不一样了，我们已经几乎不会遇到真正具有危险性的情形。我们现在感觉到的不适，在大多数情况下都不是外部因素导致的。虽然我们的不适水平的确会受到外部刺激因素的影响，但往往都是由我们的内部因素造成的。

我在第 5 章里讨论了我们的恐慌反应以及在焦虑管理上的无能为力容易导致我们形成坏习惯，用这些坏习惯来解决焦虑问题，实际上是非常拙劣的办法。我们形成这些坏习惯的初衷是规避痛苦、恐惧和紧张，而且这些习惯的确可以促使我们采取某些行为来缓解不适感和恐惧感。但其效果只是短暂的，无非起到了一个暂时缓解的作用，体内的焦虑仍然会继续郁积和增强，最终演变成一个能够产生强烈影响的力量。所以，从长期来看，这些习惯对于改善我们的焦虑和恐惧状态起不到任何有益的作用。起初，这股力量的存在和增强可能独立于我们的意识范围以及我们的大脑皮质之外，即使有这些习惯，我们的生活仍然可以像往常一样继续下去，而且我们几乎感觉不到什么障碍。但我们终究会为此付出代价，因为我们的大脑皮质出于理性与逻辑的考虑，希望能控制住焦虑，而受到大脑边缘系统主导的不良习惯反而加剧了焦虑，结果导致我们的大脑内部出现了一个"分裂"过程，即大脑边缘系统与大脑皮质之间越来越缺乏协调性。这就极大地损害了我们的思维能力。大脑的不同部位追求不同的目的，就像杜立德医生的普什米普留①一样，使我们的大脑功能开始出现一定程度的瘫痪。我在前面还探讨了为什么这些坏习惯经常会导致体内多巴胺分泌水平的下降，从而长时间地导致我们沦为它们的奴隶，饱受它们的折磨。

这种分裂倾向在大脑中深深扎根之后，随着时间的推移，大脑边缘系统的力量就会越来越强，最终达到非常严重的状态，大脑皮质完全失去了对大脑边缘系统的控制。我们在创伤后应激障碍症患者身上就能看到这一点，在这个疾病中，大脑皮质的前额叶皮层失去了对大脑边缘系统的控制能力。从技术角度上讲，这被称为"脑功能失调"，这会导致大脑边缘系统在应对恐惧和危险过程中变得过于敏感，而大脑皮质却没有能力扭转这种过于敏感的认知。所以，通过那些不良习惯去抑制大脑边缘系统的反应，实际上就相当于斩草而不除根，地面上的草被除掉了，而其根仍然深埋在地下，继续茁壮地生长、发育和膨胀，根基越来越牢固，最终从多个地点破土而出。

因此，我们就面临着一个重要的抉择，究竟是要完全消除焦虑和不适，还是以适当的方式加以缓解呢？我们在生活中必须要接受不同程度的不适。杰克·康菲尔德（Jack Kornfield）在其开创性著作中谈到了为什么身体伤痛是难免的，但心理苦恼却是可以避免的。因此，我们的目标是接纳生活中的不适，并以一个更加广阔的胸襟去体验

---

① 《杜立德医生航海奇遇记》一书中，医生杜立德在非洲丛林深处遇见了一种善良的两头动物，名为普什米普留。——译者注

它。不要竭力规避不适，可以学习如何从不适中汲取力量。痛苦的经历可以成为我们的一个非常有见地的老师，不适也是如此，可以教会我们很多东西。我们要学会接纳不适。

今天，许多治疗的目标往往是消除不适感，这既导致止痛处方呈现出爆炸性的增长趋势，也催生了其他各式各样的干预手段。生物学治疗模式试图通过使用药物和医疗技术来干预疼痛在大脑中的传导路径。换句话说，就是阻止痛觉接收器。在大多数情况下，这涉及药物的使用，而在另外一些情况下，还可能涉及开展外科手术，切断某些神经，使其无法传导不适感。康复治疗模式则侧重于重新训练肌群，或者引导机体以新的反应方式来弥补痛苦。传统的心理治疗，如认知行为疗法，则侧重于通过观念和思维模式的转变来影响机体对不适因素的反应，因为这种疗法认为，改变了这些信念和想法之后，就有可能削弱不适感的严重程度和诱发因素。在冥想治疗模式中，目标是学会接受不适感的存在，弱化对不适感的重视程度，进而从不适感中解脱出来。这种模式要想成功，关键是教会大脑皮质去控制大脑边缘系统，可以说，这是一个"自上而下"的方法。"自上而下"一词来源于这样一个事实，即大脑皮质位于大脑最外层，其下方是大脑边缘系统，而且大脑皮质发挥作用的方向是由外至内，而大脑边缘系统发挥作用的方向则是由内至外。

这些方法都有一定的价值，而且实践证明，冥想疗法以及认知行为疗法等很多方法都会产生明显的效果，但每种方法都有一定的局限性。我将介绍一套完全不同的策略。这套策略有很多好处，能给我们提供一个在大脑皮质和大脑边缘系统之间实现协调的机会，从而更全面地管理和控制生活中的不适。我将其称为"21 世纪的生存策略"。

21 世纪的生存策略

我这套策略的意图并不是为了通过药物麻醉大脑边缘系统，或通过让大脑皮质压制大脑边缘系统来达到控制不适感的目标，而是鼓励这两方平等地参与不适管理过程。这样一来，不适就能得到更加全面的管理（即双方平等参与），而不是绝对的或单边性的管理（即一方压制另一方）。参与这一过程的大脑部位越多，我们就越能够更加全面有效地管理不适。所以，这套策略不是让大脑的一个部位通过"自上而下式"的方法去主宰其他部位，而是运用"水平式"的方法，让两个部位平等地参与到不适管理的过程中。

要理解这一策略的内涵，打个比方可能是最简单的。想想彩虹，假如彩虹最初不是色彩绚烂的，而是只有红色这一种颜色，显然，当我们看到彩虹时，我们的体验就是彩虹是红色的。而如果其他颜色也开始融入这道彩虹，比如蓝色、黄色、紫色或橙色，那么我们对彩虹的体验就出现了变化，我们会发现红色不再是主导色彩了。现在，红色与其他颜色分享了那个能够展览色彩的舞台。事实上，我们可能会发现，随着其他颜色的加入，红色在彩虹中占据的空间变少了，影响力也变小了，导致我们对彩虹的感知和体验也发生了变化。

基于类似的道理，我们可以尝试着同时调集大脑的不同部位，使其共同应对我们产生不适感时所发生的问题。我将这称为构建一个"大脑共同体"（brain community）。当其他大脑部位参与不适管理过程时，参与部位的数量就会增加，进而削弱杏仁体在催生恐惧方面的作用，这相当于融入彩虹的颜色增加之后会削弱红色的影响力。换句话说，你对不适因素的体验就不会像之前那么突出了。如同红色在彩虹中占据的空间变小一样，随着多个大脑部位的参与，恐惧感在我们大脑中所占的空间也开始变小，而其他的感觉和体验开始占据更大的空间。这样一来，大脑边缘系统和大脑皮质对不适因素的体验都发生了改变，因此，我们就同时调动了多个大脑部位重新体验不适，而且它们之间形成了一种相互影响的关系。然而，要明白，如同彩虹同时接纳了多种颜色一样，我们在应对外界刺激的过程中也会形成不适与舒适这两种感觉，在形成不适体验的同时也有可能形成另外一种体验，这就是所谓的"双重感知能力"（duality）。对于这一点，我稍后将会进行详细的论述。简而言之，为了获得舒适感而彻底消除不适其实是不必要的。事实上，恰恰是不适的存在才使我们更有可能体验到舒适的珍贵。

换句话说，你将学习到如何重新训练你的大脑边缘系统，使其以不同的方式去解读它所面临的外在刺激因素，提高其对不适因素的分辨和应对能力。我们可以塑造大脑边缘系统对外界刺激因素的反应模式，使其更多地催生安全感，而不是恐惧感。这样一来，大脑边缘系统就不会过于敏感地认为某个外界刺激因素会对我们造成伤害,进而就不会将其视为致命威胁而催生不适感,也不会触发我们的生存本能。与此同时,我们也可以训练大脑皮质,使其认识到可以用有效的方式去利用不适,比如可以把不适转化为力量源泉,改善我们的业绩状况、决策能力和健康水平。所以,我们就不会在大脑皮质和大脑边缘系统的主导下通过分散精力或不良习惯去管理不适了。

很多有趣的数据都表明重新训练神经网络是有可能实现的。正如我在前面所讲到的那样,脑干向大脑边缘系统发出原始脉冲,然后大脑边缘系统赋予这些脉冲特定的意义和情感。尤其值得一提的是,当大脑边缘系统认为这些脉冲是危险因素,并赋予其恐惧情感时,就会刺激到我们的生存本能,之后再向交感神经系统发送脉冲,引发"战逃反应"。通过重新训练神经网络,我们要达到的目标是改变大脑边缘系统和大脑皮质对于我们身心内部的原始脉冲反应。目前,有科学证据表明,大脑边缘系统内部的杏仁核其实可以更好地辨别外界情形是否会对我们构成真正的威胁,从而决定是否将恐惧感赋予这些情形。而且这样一来引发的一个意外好处就是,我们也可以削弱大脑边缘系统和大脑皮质之间的分裂倾向,使得大脑各个组成部分之间取得更大程度的协调性和一致性。这种协调性和一致性有利于我们更加有效地利用大脑的内部资源去成功地应对、管理我们当前的世界。对于当前的世界,我们不能从绝对角度去定义它,不能绝对地将外部因素划分为安全或不安全,因为这个世界不是非黑即白的,最好从折中的

角度把这个世界视为一个由许多不同的灰色区域构成的统一体，这样我们的大脑就能熟练而敏捷地通过协调的反应去应对复杂的情况。

科学家们已经证明，环境可以影响杏仁核的体积。所谓"环境"，我指的是社交网络。社交网络较为复杂的人，杏仁核往往也比较大，这可以帮助他们更好地管理复杂的社交系统。在某一个研究中，研究人员提出的报告认为，杏仁核的扩大会连带地影响到与其具有密切关联的其他脑区，比如海马体。

长期的冥想训练可以改变大脑结构，并增加大脑内部某些结构的体积。基于同样的道理，大脑边缘系统的结构，如杏仁核、下丘脑、海马体，也能够逐步适应外部环境的变化，以一种不那么绝对的方式发挥作用。我们完全有能力做到这一点。下面，我们具体讲述一下如何重新训练大脑边缘系统和大脑皮质，使其更好地区别不同水平的不适，以防止生存本能被激发出来。

全面培养对不适的管理能力

当你准备重新训练神经网络以协调大脑的不同结构，并扭转大脑内部的分裂倾向时，请谨记你的长期目标不仅仅是提高自己在某些环境下忍耐不适的能力，而是全面培养不适管理能力，使其永久性地成为大脑内在结构的组成部分。这将使你能够忍耐生活中各种情形下涌现的更大程度的不适。你在健身房里可以利用杠铃去有针对性地锻炼某一部位的肌肉，但你不能有针对性地去培养处理不适的能力。相反，你必须全面培养对不适的管理能力，使自己能够处理好任何一种引发不适的情形。

在不同的大脑结构之间创造一致性

要开始重新训练生存本能这个过程，非常重要的一点就是我们需要先找出一个能够引发一定程度不适的生活领域。找出这个领域，再看看具体有哪些因素会引起不适，但还不至于达到引起恐慌的地步。如果用 1 到 10 分去评价不适程度，10 分代表最不适的状态（比如极端严重的恐慌状态），那就看看能否找到一个不适程度接近于 5 分或 6 分的状态。你可以制作一份自己的"不适状态列表"，记录下不同程度的不适状态或体验，并对其不适程度进行评分。一旦你对使用这种方法来抑制大脑边缘系统和大脑皮质取得了信心，那么你就可以应对更高水平的不适。

为了慎重起见，我要说明一点，我的这套方法不能取代专业人员的帮助。如果要矫正那些真正能够威胁到生命和健康的情形或行为，那么在运用这套方法的同时，还要寻求专业人员的帮助。此外，如果你目前正在服用医生给你开的药物，那么你也不应该停止服药。这套做法主要是为了配合你正在接受的治疗，并帮助你减少对不良习惯的依赖，从而更好地管理不适。

我们要记住这样一个事实，即便我们只是管理轻微的不适，也能够降低出现严重不适的可能性，长期坚持下去，也会日益缓解对不适

的过度敏感。

让我们考虑一下哪些情形给我们带来的不适会达到 5 分或 6 分的程度。对于那些为了减肥而长期挣扎的人而言，连续五六个小时不吃东西可能会引起这种不适。对于幽闭症患者而言，置身于电梯、车厢或机舱内有可能引起这种不适。此外，有些人害怕公开演讲，有些人害怕面对同事或老板，害怕与合作伙伴、父母或孩子一道解决棘手问题。还有些人一想到自己有可能患上失眠、头痛等症状，也会感到不适。有些情况下，其他人说的某些事情，也可能会刺激你产生这种程度的不适感。

在下面的章节中，我将列举若干方法来帮助你重新训练你的大脑边缘系统和大脑皮质，使其形成新的反应模式，更加有效地应对不适情形。你随时可以尝试着将其运用到实处，检验一下对自己是否有效。每一种方法都需要在大脑和身体内部创建不同的神经元模式，这样一来，面对同一个不适情形，你的两个"大脑"（即大脑边缘系统和大脑皮质）就会赋予其不同的意义，促使你产生不同的情感，这样一来，在应对不适情形的过程中，你就有了更多的选择，就能以更广泛、更全面的反应模式去应对不适情形。

一旦选定了某一个将要进行重新训练的情形，你首先需要掌握我在前一章中介绍的舍恩呼吸技巧。这些呼吸技巧通常会在 45 秒至 60 秒内发挥作用。在接下来将要推荐的每一个方法中，我会首先建议你使用我的呼吸技巧。不过请记得登录我的网站（http://marcschoen.

com/），看看能否在上面找到其他方法来巩固你的练习成果，并在大脑边缘系统和大脑皮质之间实现更大程度的协调。在运用呼吸技巧时，要尽可能地让自己放松下来，比如，如果把完全放松的状态标记为 10 分，那么尽可能达到 4 分的状态，当然，越放松越好。这一步的目的是让自己体验到一定程度的舒适感和安全感，以便为重新调节更大程度的不适体验做准备。但这部分练习的一个重要作用就是帮助你树立信心，使你相信自己有能力改变身体固有的生理反应模式。培养这种信心是至关重要的，其重要性无论怎么强调都不为过，对于更有效地管理不适是必不可少的。虽然仅凭信心这一个要素不可能完全改变你的生理反应模式，但可以强化你的控制感。控制感得到强化，有利于增强你的身体素质和毅力。因此，在重新训练你的大脑和身体以更有效地应对不适时，增强信心是一个重要组成部分。

获取双重感知能力

双重感知能力在我们改变不适管理模式的过程中扮演着重要角色。这里所讲的双重感知能力，指的是我们获取双重感官体验的能力。比如，当你在海滩上时，能感觉到海风的清爽和阳光的温暖或者沙滩的柔软。或者即使你感觉到被蚊子叮咬引发的瘙痒，仍然有可能做出微笑的动作。在这些方面获取双重感官体验并非难事。但当一个人体验到压力、焦虑、痛苦或恐惧时，往往会从绝对角度看待这些体验。比如，那些处于痛苦中的人往往会认为自己要么"痛苦"，要么

"不痛苦"。或者从情绪的角度来看，人们往往会绝对地认为自己要么"快乐"，要么"不快乐"。然而，虽然我们主观上是这么认为的，我们的身体和心灵却很少会从绝对的角度去感知这些情绪和感觉。换句话说，我们能感到某个部位疼痛，但身体的其他部位可能依然会感觉舒适或者什么也感觉不到。如果我们从一个绝对的角度去看待世界，注定会导致情绪的跌宕起伏。尤其令人不安的是，当我们以非黑即白的方式去看待感官体验时，就会容易做出极端的反应。正因为如此，即使看似微不足道的触发因素，比如在机场排队接受安检，也会导致我们做出过度反应，比如愤怒、出汗、焦虑，甚至产生灾难性的念头，这些反应都是不合理的。

因此，掌握双重感知能力，并学会如何以非绝对的方式去体验这个世界具有至关重要的意义。务实地讲，这将意味着可能我们一方面感知到恐惧或不适，另一方面却能感觉到放松或不焦虑。从我们的角度来看，当身体的某一部分因外部因素而感到焦虑时，我们要学会获得一定程度的积极体验，比如安全感以及内心的平和感。比如，当你准备向你的上司做口头汇报的时候，如果你原本感觉不适，那么我们重新训练生存本能的目标就是获得高度的安全感与平和感，这即是双重感知能力。这样一来，安全感和控制感占据的空间就增加了，从而挤占了不适感占据的空间。为了更加准确地描述这种现象，我喜欢以大海做一个隐喻。海面上波浪翻滚，潮起潮落，而与此同时，海面之下的庞大水体却安静而稳定，几乎不会受到表层水体运动的影响。表层水体运动造成的干扰其实只能停留在海面上。相似地,我们就是要创造一个如同下层水体那样的内心世界。这样一来,外部世界各种因素的影响只能影响到我们的外部,而内心世界仍然能够获得安全感与平和感。

为了达到这个目标,我们必须培养双重感知能力,能够同时容纳两种感觉的存在,而且我们还要注意到养成这种能力就意味着不必为了其中一种感觉而完全否定另外一种。这就是我们在生活中要努力达到的状态,在忙碌、活跃、满足不同需求的同时,还能获取安全感与控制感,即达到我所说的"内心平衡状态"。

最初,我之所以能理解"双重感知能力"这个概念,完全是出于偶然。当时,我刚把我的办公室搬迁到一个新址,即贝弗利山庄的威尔夏大道,在此之前我没有意识到置身于繁忙的街道会对人的内心产生什么影响。一天到晚耳边都是汽车发动机、喇叭、猛烈刺耳的刹车声和警报发出的声音。我居然选择了这样一个位置,所以起初我很生自己的气。我记得我曾经这么自问:"马克,你天天都要做催眠,租这个办公室的时候你到底在想什么呢?"然后,我竭力探索如何才能让患者在嘈杂与干扰持续不断的环境下进入安静的催眠状态。很快我惊讶地发现,如果患者在这种外部干扰持续不断的环境下能够进入恍惚的催眠状态,那么他们在正常的生活环境下更能进入这些安静的状态。我们大多数人的生活环境中都存在持续不断的干扰和障碍,而且这些基本上都超出了我们的能力控制范围。搬到新址之前,我认为只

有在没有噪声的房间内才能施行催眠术，但在之后的临床实践中，我发现即便在存在噪声与干扰的环境下，人们同样能体验到内心的平和。就这样，"双重感知能力"这个概念才逐渐变成了我临床实践的基石。

我们也可以通过另一个角度来理解双重感知能力，即将其视为推动外部世界和内心世界，或者说大脑边缘系统和大脑皮质之间实现更大平衡的一种方式。你知道，在波涛汹涌的海面上，船体虽有可能来回摇摆，但最终会保持完好无损。同样，在一个纷纷扰扰的世界中，你仍然有可能创造内心的平和，最终培养双重感知能力。这种能力会给我们提供很大的机遇，弱化外部世界及其干扰因素对我们内心世界的影响。如果我们建立了这样一个强大的内心世界，这就意味着我们在某种意义上获得了更多的控制感和安全感，并能够抵御住生命中的意外事件对我们的影响。

运用双重感知能力

在重新训练大脑，使之形成更加有效的不适管理模式的过程中，双重感知能力的运用扮演着重要角色。在开始这个训练过程之前，我们先运用一下"舍恩呼吸技巧"来缓解一下你的不适体验。再次强调一下，在这个练习中，我们的目标是同时获得多个层次的体验，也就是说，既要获得一定程度的不适感，又要获得一定程度的放松感。这听起来似乎不符合直觉，但这就是双重感知能力所强调的相对性。通过运用舍恩呼吸技巧，在不适体验之外创造另外一种体验是完全有可能的。当你学会了这种双重感知能力并产生信心之后，你就强化了自己转变不适体验的能力。

当你体验到轻微不适时，就可以运用我的呼吸技巧。请记住，我们的目标不是为了获取放松感而消除不适感，而是形成双重感知能力，让身体和内心的某些部位感知到不适，而另外一些部位则感到舒适。当然，这种舒适感越强越好。在此过程中，请注意一下身心的哪些部位感觉不适和紧张，哪些部位感觉到舒适和放松。比如，或许你的肩膀和脖子感觉紧张，但你的胸部、胳膊和腿部却感觉轻松。请特别留意一下这个事实，即不同的感觉可以同时产生并共存，也就是说，你的体验并不是单一的、绝对的，而可以是双重的、相对的。现在，回过头去再做一遍呼吸练习，再次引导自己产生一定程度的舒适感。现在，重点关注一下自己体验的不适感。发生了什么呢？与你第一次做呼吸练习的时候有什么不同吗？有没有在不适面前更加放松，而且更具安全感了？

双重感知能力这个概念是至关重要的，因为如果我们能够同时体验到不适感和安全感，就会获益匪浅。如果我们了解到自己在不适面前可以实现身体上的放松，那么我们在某种意义上就相当于告诉自己即使在不适或危险面前，自己仍然是安全的。换一种方式讲，大脑皮质就不必依赖外部手段来管理不适了，而是有信心通过自我调节进行不适管理。与此同时，大脑边缘系统也会了解到不适因素并不会对人

的生存构成威胁，从而在不适因素面前就会体验到更大程度的安全感。信心的作用无论怎样强调都不为过。在管理逆境的过程中，缺乏信心是很自然的，但通过训练和疏导，能让自己在不适面前维持一定程度的信心，使你直面未来的不适，创造成功的硕果。

找出不适因素可以帮助你有效管理不适。事实上，这个技巧之所以能成功，大脑皮质功不可没。最近，这个技巧的作用也得到了杰拉尔多·拉米雷斯（Gerardo Ramirez）和希安·贝洛克（Sian Beilock）这两位芝加哥大学研究人员的肯定，他们在 2011 年 1 月那一期的《科学》期刊上发表的一篇报告中指出了这个技巧的诸多好处，他们开展了一项实验，让学生们在参加下一场考试之前找出令其担忧和不适的因素。结果表明，这种做法可以让学生们更有效地处理与考试有关的不适因素，其成绩会因此得到适度的提高。杰拉尔多·拉米雷斯和希安·贝洛克的研究印证了早前的一些研究结论，比如，加州大学洛杉矶分校心理学和神经病学教授马修·利伯曼（Matthew Lieberman）曾经领导过的一项研究发现，如果标记出恐惧反应，就可以减少大脑边缘系统在杏仁核区域的活动。换句话说，当你识别并描述不适因素时，能减少它们给大脑边缘系统带来的恐惧。这也许可以解释为什么晚上在床边写日记可以促进睡眠。当你在睡前写下你感触最深的哀伤与担忧时，实际上这有助于你驯服大脑边缘系统，使神经平静下来，不然的话，就容易引发失眠。

就我们的目的而言，这个技巧是一个有力的工具，能够使大脑皮质与大脑边缘系统之间实现更大程度的协调。我们的兴趣不只是在于运用这种技术驯服大脑边缘系统,而是让大脑对不适体验形成一种替代性的反应模式。这非常类似于我在第6章描述过的心理匹配现象,也就是在两个不同的经历之间创造一种联系。显然,找出你的不适因素有助于你培养双重感知能力,就我们讨论的情况而言,这一能力就是能够同时感知到不适和安全。如果不适因素被找出来,就能够以惊人的方式促使大脑皮质产生这种联系,因为大脑皮质依赖的是逻辑思维。因此,从某种意义上讲,我们等于给大脑皮质提供了一个更加强大的认知工具,使其能够更好地理解不适因素。这一技巧主要有两大益处。第一,把不适因素找出来或写日记的方法有助于你明确界定自己的不适领域。第二,在将不适体验同其他很多积极体验进行匹配的过程中,找出不适因素能够发挥促进作用。

培养感恩情怀

感恩不仅仅是表达感谢或者历数自己摊上的好事。很多人都研究了感恩对缓解不适、提高耐受力的意义。英国曼彻斯特大学的亚历克斯·伍德(Alex Wood)就是这样的一位研究人员。他的研究发现,即便是略有感恩情怀,也能改善一个人的生活质量与健康状况。根据伍德及其同事的研究成果,感恩是另一种令人更为释怀的生活取向,能够引导人发现生活中的积极面,并对此产生理解、欣赏与感激之情。这种生活取向不同于乐观、希望和信任等情感。在2010年发表

的一篇评论文章中，伍德及其同事提出，感恩情怀在很多方面都具有重要的作用，比如，它可以帮助你构建积极的社交关系，培养更具适应性的性格类型，改善身体健康状况，更好地管理自己的压力，获得更好的睡眠，等等。这类研究结果也得到了其他一些研究的确认。这表明感恩情怀影响着人们对痛苦因素的体验以及整体的生活满意度，并弱化了身体不适的情况。

那么，人的感恩情怀究竟是从哪个部位产生的呢？近些年的研究揭示出一个特别有趣的事实，即感恩来自那个"轻率"的大脑边缘系统。正因为如此，我们才想要通过培养感恩情怀来影响大脑边缘系统对不适因素的体验。通过把不适因素与感恩情怀进行匹配，我们就可以开始重新训练大脑边缘系统对不适因素的体验。在这个过程中，大脑的其他部位，尤其是主导理性与逻辑的大脑皮质，也会被调动起来，从而在一定程度上中和了过于敏感的大脑边缘系统对不适因素的体验，使得大脑对不适因素形成较为全面的体验，而不是绝对的或单方面的体验。换句话讲，现在，面对不适因素，我们体验到的威胁与危险不像以前那样强烈了。请记住，能调动的大脑部位越多，我们在体验与管理不适因素时就会做得越有效、越全面。这种练习不是为了掩盖现实，而是为了遭遇不适因素时，充分调动其他的大脑部位，使我们拥有更强大的力量与内心资源去体验不适和管理不适。

那么，如何才能让感恩与不适匹配起来呢？或者说，如何通过培养感恩情怀来缓解不适呢？最有效的方法之一就是通过下面这个经过实践检验的策略：记录并思考生活中让你感激的某些方面或某些事件。下面是一个循序渐进的训练方法，你可以用这种方法来培养感恩情怀，进而训练你的大脑边缘系统和大脑皮质对不适因素的反应：

第一步：确定感恩之源。记录下三到五个让你感激的事件或经历。比如，与子女或伴侣共度美好时光、一次意大利之旅、母亲战胜癌症或业务做得成功等。如果你回想不起这样的经历，那么就想象一个这样的经历及其带来的感觉。在寻找值得感恩之事的过程中，不要仅仅把注意力放到这个事件本身上，而是把精力放在这个事件附带的情感上，比如，轻松感、温暖感、心旷神怡感或其他令人愉悦的感觉。让你的脑海里浮现出感恩的感觉，这对于这个练习是必不可少的。做到这一步之后，就准备做第二步。

第二步：运用我在前面提到的舍恩呼吸技巧，这将充分提高你的放松感。

第三步：确定不适之源。现在，思考一下你之前选定的不适情形。让一定程度的不适感流经你的身体，起初可以先把不适感控制在轻微程度。接下来，仔细回想你在感恩清单上记录下来的一两个事项。记住，不要仅仅回想这些事项，还要回想这些事项带来的那种感恩的感觉。记住，这个练习的目的不是为了消灭不适因素，而是为了将不适因素与除了焦虑感或危险感之外的感觉联系起来。

第四步，承认双重感知能力。运用双重感知能力，你有可能同时获得多重感官体验。比如，面对同样的不适因素，你可能感受到胸腔

里的压抑和情绪上的不适，同时感到一种令人愉悦的轻松感或温暖感（正如你在第一步所感受到的那样）。养成了双重感知能力，你就能够让大脑边缘系统在不适因素面前获得较为全面，而不是那么绝对的体验。

第五步，调动大脑皮质参与进来。为了将不适因素与感恩情怀匹配起来，我们可以调动大脑皮质参与到大脑对不适因素的感知过程中来。大脑皮质的参与不仅可以缓解大脑边缘系统对不适因素的反应，更重要的是，它可以使你真正认识到不适感和舒适感可以同时存在，也就是说，消极体验的存在并不妨碍你形成感恩情怀。请记住，我们的目标不是消灭大脑边缘系统的反应，而是使其与大脑皮质更加协调。

一旦你的身心可以同时体验到不适与感恩，那就可以调动大脑皮质的力量，使自己在不适因素面前变得更舒适、更安全。也就是说，调动大脑皮质的力量给不适因素贴上舒适与安全的标签。那么，怎样做才切实可行呢？你不必故意不停地自言自语，但适度的自我暗示具有积极的作用。你可以对自己说你可以同时体验到感恩与不适。比如，如果你选择饥饿作为自己的不适体验，你就可以在知道自己饥饿的同时逐步形成感恩的情感。换句话讲，让你的大脑皮质得出"你可以同时让多重感情并存"的结论。这个过程需要你具备我在前面提到的信心。信心是很重要的。在信心的支持下，大脑皮质就能够相信自己在未来能够更加有效地管理好不适感。最终结果就是，大脑皮质就能逐渐学会以更加积极和自信的方式解读未来的不适因素。

第六步，重复前面的步骤。有一点是很重要的，要记住，即仅仅通过一遍练习，是不能带来改变的，不能构建起一个新的条件反射模式。因此，有必要在长时间内重复前面的步骤。比如，或许你可以每周做五天，每天一次，注意看看你的情况是否出现了改观。你很有可能发现，即便在面对不适情形时，不适因素对你生活的干扰程度也不像以前那么强烈了，你对不适因素的忍耐能力大大提升了，不会像以前那样感觉很有压力了，一些障碍也不会妨碍你的高效运作了。

运用社会支持与信任的力量

在练习中，我们要运用社会支持与信任的力量。长期以来，人们就认为社会支持与信任对大脑边缘系统具有深刻的影响。尤其值得一提的是，社会支持与信任对催产素这一大脑化学物质的分泌具有重要影响，进而会影响到杏仁核与脑干。催产素是一种哺乳动物激素，男女都会分泌。当一个人的催产素水平升高时，即便是对完全陌生的人也会变得更加慷慨，更有爱心，催产素能够促进和谐，提高人们开展合作以及乐于助人的意识，因此它又被称为"爱情激素"或"道德因子"。人们还发现催产素可以提高适应环境及管理压力的能力。换句话讲，除了与温暖和爱具有密切联系之外，它还与压力有关。当事情变得不顺心时，催产素能够帮助人们感到自己与他人还具有密切的关系，降低人们担忧害怕的感觉。

在谈到催产素的分泌时，虽然人们通常认为这是女人的专利，但实际上男人同样也会分泌这种激素，并从中受益。因为它有利于我们培养良好的人际关系，寻求舒适和慰藉，建立人际互信，提升自己的受欢迎程度。近年来，对于这个同时具有多重好处的激素，人们已经进行了大量的研究，其中有些是比较有趣的。匈牙利的科学家们就发现，人们交换秘密的过程也会影响到机体的催产素的分泌水平，即当两个人相互交换秘密时，他们的催产素分泌水平就会提升，进而促使他们之间形成一种更为深厚的关系。

多年以来，我在临床实践中一直坚持通过创造团队环境来取得良好的治疗效果。有些情况是帮助一小组病人去学会如何管理好自己的压力水平，还有些情况是帮助一小组病人去减肥。在这些环境下，我运用的一个策略就是唤起病人的不适感。以减肥小组为例。我会让我的病人在饥饿状态下前去参加会议，然后对他们进行催眠，使之产生舒适感，让不适与舒适这两种感觉同时存在，同时运用整个团队的力量去为他们提供社会支持。这就让病人产生了一种守望相助的感觉，让他们感觉到有人在支持自己，自己并不孤单。我发现这种团队环境下的治疗效果远远超过了一对一环境下的治疗效果。毫无疑问，利用这种做法，就有可能把不适情形造成的不适感与催产素分泌引起的舒适感联系起来，从而牢固确立不适感与安全感之间的联系，使得人们可以更加容易地去管理不适感。

利用这种技巧是比较简单的。你只需找一个朋友、搭档或家庭成员，就能做这个练习来帮助自己。首先运用呼吸技巧使自己产生一定程度的放松感。接下来，通过构建人际互信和交换秘密的力量来改变你的不适感。首先披露一些令人不安的个人事情，甚至披露一些你之前从未披露过的信息，但要把你想披露的事情写到一张纸上，然后送给帮助你的人去阅读。之后，让他们做同样的事情。

现在，与他人分享了自己的秘密之后，你可能会产生一种脆弱感和不适感。对于我们很多人而言，如果自己对别人形成信任感，就有可能感到自己处于一种较为脆弱的状态，可能会引起某种程度的不适，因为过于信任别人有时候会让自己失望或受伤。但在此练习中，我们就是要利用这种脆弱感和信任感来刺激催产素这种激素的分泌，引起一定程度的舒适感。通过这种做法，大脑皮质就可以逐步学会把不适感与舒适感、安全感联系起来，逐渐适应多重感觉并存的事实。催产素的分泌在这个过程中扮演着重要作用。在此之后，大脑皮质的力量就会起作用，重新定义不适因素给我们带来的体验，把不适体验同其他体验联系起来，促使我们在面对未来逆境的时候，与他人形成深厚的关系，获得更多的内心力量以及控制感、舒适感和安全感。

运用同理心与爱心的力量

接下来这个策略需要利用同理心、爱心和同情心这些情感的强大力量。这些情感都深深地根植于大脑边缘系统。纽约州立大学古西堡分校神经科学研究所主任乔治·斯特凡诺（George Stefano）就爱

心与同情心如何影响大脑边缘系统的动机回路和奖赏回路撰写了很多研究成果，其中有很多是与德国科宝大学的托比亚斯·埃施（Tobias Esch）共同完成的。他们的研究使人们进一步了解了爱心与同情心对大脑边缘系统的生物学影响。他的研究成果也得到了其他多位研究人员的证实。

爱心能够影响人们的不适感与痛苦感。关于这一点，萨拉·马斯特（Sara Master）在加州大学洛杉矶分校开展的一项实验就是一个令人惊讶的例子。马斯特发现，在实验室环境下，让研究对象产生一定的痛苦感，然后向他们展示其深爱之人的照片，则其痛苦感就会稍有缓和。有趣的是，2011年年底，《情绪》杂志在线发表的一份研究成果揭示了同理心对心率、平静感或舒适感具有直接的影响。更加有趣的是，他们发现不太富裕的人更富有同理心。从生理学角度上来讲，与较为富裕的人相比，不太富裕的人能够更加敏锐地觉察到他人的痛苦，并迅速表达自己的同情心。加州大学伯克利分校社会心理学系的博士生珍妮弗·斯特拉（Jennifer Stellar）带领一批研究人员开展的研究发现，中上层中产阶级和上流社会的人不大善于发现并回应别人的痛苦迹象。对此应该如何解释呢？根据斯特拉所说："这并不是因为上层社会是冷酷无情的……他们之所以不那么善于发现痛苦的线索和迹象，是因为他们在生活中没有处理过这么多的障碍。"这些最新的研究结果表明，下层社会的人由于在生活中遭遇了较多威胁自身幸福的因素，所以更加富有同情心和合作意识。斯特拉进行的实验尤其重要的一个价值在于，它告诉我们，人的同理心和同情心具有强大的生存意义，因此，我们可以利用这两个强大的工具来重新影响大脑边缘系统和大脑皮质对不适因素的反应。

你可能对斯特拉的团队测评同情心的方法感到好奇。与其他研究领域不同的是，同情心似乎难以评估。斯特拉团队成员——娅斯敏·安瓦尔（Yasmin Anwar）在其向加州大学伯克利分校的在线新闻中心提交研究报告《下层社会能够更快地回应别人的痛苦》时，巧妙地概括了这项研究的开展方法。在斯特拉的一个实验中，64名参与者观看两部视频，一部讲述的是建筑知识，另一部讲述的是患癌儿童的家人艰难度日的情景，非常能够引起感情上的共鸣。你可以想象得到，参与者肯定会被那部癌症视频打动，并报告说他们感觉很悲伤，而那部讲述建筑知识的视频肯定不会让他们产生这种反应。然而，研究人员还发现，下层社会的成员表现出了更高水平的同情心和同理心，而不仅仅是悲伤……当他们观看癌症家庭的视频时，心率减缓的幅度比较大。斯特拉说："人们可能会认为看到别人受苦会给自身带来压力，进而导致心率加快，但我们发现，在表现出同情心的过程中，心率会放缓，似乎你的身体会为了照顾另一个人而让自己平静下来一样。"从本质上讲，富有同情心对人体有镇静作用。

既然爱心、同情心和同理心对大脑边缘系统具有重要的影响，那么我们就可以利用这些强有力的工具来改变大脑边缘系统对不适因素的反应方式。这种方法的效果是比较好的，因为这些工具可以影响到

大脑边缘系统的动机回路和奖赏回路，而这两个回路则影响到多巴胺和内啡肽的分泌。正如你已经了解到的那样，人们之所以会对某个事物上瘾或具有强烈动机，在很大程度上可以归因于这些物质的分泌。当人们的行为方式与这些奖赏回路之间形成关联时，这些行为方式就会得到巩固，深深地根植于大脑里。运用同理心、爱心和同情心的力量，我们就拥有了一个令人难以置信的机会来重新调整我们对不适因素的体验。

关于对不适体验的重新调整，一个很好的例子就是心理学家唐纳德·达顿（Donald Dutton）和阿瑟·阿伦（Arthur Aron）在 20 世纪 70 年代做的"吊桥实验"。在这项实验中，调查对象是年轻男子。让男子穿过危险的吊桥，然后由一位男子或一位漂亮女子上前提问。这些问题都是专门设计出来的，目的是为了评估男子在穿过吊桥时的恐慌反应。研究人员得出了这样的结论：如果这些男子遇到的是漂亮女子，那么他们在穿过吊桥时的恐慌程度就会大为缓解。反之，如果遇到的是男子，那么他们就会认为过桥这个行为给自己带来了很大的恐慌。这项研究很好地说明了性冲动能够影响大脑的奖赏回路，并改变我们的恐慌与不适反应。虽然这项实验重点研究的是性冲动，但这些冲动与爱心、同理心、同情心起源的大脑部位是一样的，这就解释了为什么我们可以把这些情感作为工具，促使大脑边缘系统的奖赏回路出现建设性的变化，进而重新训练大脑边缘系统对不适因素的反应方式。

在这项练习中，我们将把你之前选择的不适情形或事件同能够激发出爱心、同情心或同理心的一个事件、一个回忆或一个人匹配起来，达到缓解不适的目的。请记住，我们这样做的目的只是为了充分调动更多的大脑部位来实现多重体验的并存，以达到缓解不适的目的，并不是为了完全消除不适。关于爱心，可以是对你的伴侣、子女、孙子孙女甚至宠物的爱。关于同理心或同情心，可以是对某个旨在帮助弱势群体或某些受害者的事业的理解或同情。

如同之前的练习一样，首先利用我提出的呼吸技巧放松一下自己，然后把精力集中在给你带来不适的因素上。当你体验到一定程度的不适感之后，再把精力转移到你选定的能够激发爱心、同理心和同情心的因素上。注意看看你出现了什么变化没有。这些积极的情感改变你的不适体验了吗？虽然你还能感受到一定程度的不适，但这种不适感的性质是否改变了一些呢？是不是没有之前那么沉重、强烈或令人沮丧了呢？之后，再运用大脑皮质理性思考的力量重新定义那些不适因素。比如，你可以告诉自己"虽然我有不适感，但我可以感觉到越来越安全，越来越舒适"。

勇于接受挑战

现在，我们把注意力转到接受挑战的作用上。社会心理学家萨尔瓦托雷·马迪（Salvatore Maddi）早就强调了勇于接受挑战的重要性。他在这方面做了大量开创性的研究工作。从 20 世纪 70 年代中期到 1987 年，他连续 12 年对电话行业的多位员工进行了跟踪调查。而

就在这段时间内，美国政府放松了对电话行业的管制，市场竞争日益激烈，裁员情况越来越多。当时，马迪还在芝加哥大学任教，他的研究对象是伊利诺伊州贝尔电话公司的 450 名经理人员。在该公司倒闭之前的 6 年里，他和他的同事们每年都会对这些员工做心理测试和医学检查。在之后的 6 年里，他的团队继续开展跟踪调查。现在，马迪已经是加州大学欧文分校的一位教授，也是"坚韧性研究所"的创始人和主任，该所位于加州奥兰治县的纽波特海滩。在跟踪调查中，马迪发现，三分之二的调查对象都陷入了崩溃状态，他们遭遇了心脏病、抑郁、焦虑、酗酒和离婚的问题，其他三分之一的调查对象不仅生存了下来，而且还实现了成功的发展。

回顾了在该公司倒闭之前进行的调查之后，马迪发现，那些发展比较成功的调查对象往往都具有三个共同的素质，即坚韧性人格的三个组成元素：献身精神、接受挑战和自我控制。根据马迪所说，这些人都努力展现出自己的影响力，而不是消极被动地去接受，而且不断地从自己的经历中去学习，无论是积极的经历还是消极的经历。

正如拉凯莱·卡尼根（Rachele Kanigan）在《你有弹性吗？》一文中所说的那样，在后续研究中，马迪和他的同事德博拉·科萨哈（Deborah Khoshaha）发现，那些坚韧性最好的电话公司员工具有相似的童年经历，这些经历给他们带去了压力，尤其是父母离异、频繁搬家、患过大病或家里有亲人去世。然而，这些人学会了以坚韧不拔的意志去看待、去应对这些逆境，并在逆境中寻找机遇。正是这种观点使得这些人把目前的困难和逆境视为另一个挑战。"他们在学校里保持低调，他们努力工作。"马迪说。

俄勒冈州波特兰市复原力研究中心（Resiliency Center）前主管阿尔·西伯特博士（Al Siebert）生前曾经对"幸存者人格"（survivor personality）开展了广泛的研究。"幸存者人格"是他独创的一个术语。他在取得密歇根大学临床心理学博士学位后入伍当伞兵。在 30 年的时间里，他调查了越南战争中幸存下来的老兵、纳粹大屠杀幸存者、枪击案受害者、失去孩子的父母和其他经历过重大创伤的人们。他发现，最成功的幸存者往往具有好奇、幽默、适应性强的个性特征，其他常见的属性包括坚强、乐观、灵活和自信。难怪除了马迪之外的很多研究人员也发现，那些弹性较强的人生病的次数较少，而且一般来讲能够更好地承受生活中的艰辛和失望。

像这样的研究在我们的生活中具有很大的应用价值，因为我们在工作中对如何改变不适体验非常感兴趣。不适因素会引发恐慌，触发生存本能，致使我们的生活失去平衡和稳定，我们不能任由不适因素发挥影响。因此，我们才呼吁以切实可行的方式改变我们对不适情形的反应方式。

对于这个练习，我希望你选择某种以解决问题为目标的游戏或活动，比如，可以是国际象棋、拼字游戏或诸如魔力牌之类的棋盘游戏。你可以和朋友或搭档一起玩，也可以在网上和你的朋友或陌生人一起玩。我们希望这个游戏能让你感受到挑战，同时也能让你集中精力。选择了这个游戏之后，就要使其与你的不适经历之间建立联系，然后通过接受挑战、寻找快乐和集中精力去调节不适。首先，通过运用我提出的呼吸技巧让自己放松下来，之后自己选定一个不适因素，使自己产生不适感，接着去做你选定的那个具有挑战性的练习。在等待转机的过程中，把精力集中到你选定的不适体验上，将这种不适体验与你受到挑战的感觉匹配起来。比如，如果你选定饥饿作为你的不适体验，那么在等待转机的时候就把精力集中到饥饿感上。一旦饥饿感与出现转机之后的喜悦感建立了联系，那就运用大脑皮质的理性思考能力加强二者之间的联系，从而将不适体验转化为一种赢取积极主动的机遇。

开发内心的格斗士

我之所以把这项练习称为"开发内心的格斗士"，是因为它需要你开发内心资源，运用内心的力量去重新调整自己的不适体验。

在开始这项练习时，首先寻找某个可以和战士或格斗士发生联系的暗示、意象或人物。它可以是电影《洛奇》中的某一个场景，比如硬汉洛奇为了锻炼而攀爬费城艺术博物馆的大台阶的场景；也可以是某个超级英雄，比如蜘蛛侠或理查德·唐纳扮演的超人；也可以是某个运动员或奥林匹克运动会的选手；甚至可以是某一首令人情绪激昂的音乐，比如《洛奇》的主题曲。想象着你自己就是上述的某个人物。看看这种想象或听那种音乐能否振奋你的精神。然后把你自己想象成某个接受过良好训练的格斗士，准备去应对某个逆境或接受某个挑战。

如同之前的训练一样，先利用我提出的呼吸技巧让自己放松下来，然后选择某个不适因素让自己产生不适体验（比如饥饿感），然后把自己想象成一个勇于接受挑战的格斗士，在逆境中只会变得更加坚强。想象一下自己挣脱了束缚你的链条，并踢开了阻碍你实现目标的绊脚石。引用大脑皮质的力量来重新定义你的不适体验，把不适体验视为一个逆境，你经历的逆境越多，就会越专注、越坚定。如同其他练习一样，对所有的挑战持有欢迎态度。

循序渐进

在做这些练习的时候，你需要循序渐进地做很多次才会获得最大的效果。毫无疑问的是，有一些联系会带来非常良好的效果，而有的效果则不那么大。在理想状态下，所做练习的类型越多，你重新调整不适体验的可能性就越大。如果你已经调整好了轻度不适，那就可以开始向更严重的不适体验迈进。

在刚刚开始练习时，要避免选择极度严重的不适因素，因为这有可能会触发你的生存本能，可能会影响最终的练习效果。请记住，大脑和身体不一定能在一夜之间就学会改变固有的反应模式。尽管我们都喜欢自己的愿望立即得到满足，但要想实现实质性的改变，是需要时间的。如同锻炼肌肉一样，改变身心固有的反应模式也需要做一些重复性的练习，这种做法是很有好处的。要有耐心，先从轻度不适的

因素入手，循序渐进，不要一蹴而就。这就像学习游泳一样，在跳入深水区之前必须先在浅水区练习，克服对游泳的恐惧情绪。如果直接跳进深水区，则有可能会带来更大的创伤，触发生存本能。相反，如果你先在浅水区练习，则有可能会获得舒适的感觉，然后慢慢地向深水区进发。以新的、健康的方式去管理不适因素也是同样的道理。

在进入下一章之前，我们再举一个例子。

汤姆来找我的时候，他正热切地期待着成为一名奥林匹克短跑选手。他已经成功地通过了一系列的奥运资格赛，但后来有一次在进行400米短跑时，他在最后的冲刺阶段突然感到了恐慌。似乎他必须用尽所有的力气才能做最后的冲刺。他本该冲向终点线，但他的恐慌让他泄了气。为了了解更多情况，我让汤姆进入了催眠状态，了解到这样一个事实：他还是一个孩子时，经常看到他的母亲被食物哽住喉咙而艰难地呼吸的情景。这当然吓坏了他，导致他下意识地产生了对喘不上气的恐惧。现在，虽然这么多年过去了，但当他朝最后一个阶段冲刺时（这个时候虽然他感到上气不接下气，但需要全力以赴），喘不上气和他母亲艰难呼吸的情景之间的联系给他带来了极大的不适感，触发了他的生存本能。

如同我接触的其他病人一样，他在比赛中的恐慌症状逐渐扩散到其他生活领域。不久之后，凡是遇到无法发挥出正常水平的情形，汤姆都会感觉呼吸急促。显然这不合逻辑，但是正如我所讨论的那样，大脑边缘系统的反应，尤其是杏仁核的反应，通常是不合逻辑的。在为汤姆治疗的过程中，必须重新训练他的大脑，不要让他一遇到呼吸急促的情况就感觉恐慌和恐惧，把呼吸急促的情况同其他情况联系在一起。一开始，我让他想象着他在跑道上上气不接下气地奔跑的情景，同时把这种情景与一个格斗士联系起来。他选择的格斗士形象是闪电侠这个超级英雄。选择了这个形象之后，就可以考虑将呼吸急促同超级英雄的形象联系起来了。

接下来，我让他想象着自己在奔跑过程中出现呼吸急促的情况，然后想象着自己就是这位超级英雄，跑得越快，跑得越远，离他母亲的距离就越远。这就削弱了他母亲呼吸急促时的情景对他的影响。最后，为了进一步把这种联系深深地刻在他的脑子中，我让他在我的办公楼来回爬楼梯，使他遭遇呼吸急促的情景，然后通过让他对闪电侠这个超级英雄的形象产生认同感，将这种情景同放松感、控制感和安全感匹配起来。到治疗结束时，呼吸急促给他带去的不适感已经大为削弱了，相反，他在呼吸急促的时候仍然能获得安全感和成就感，仍然能发挥出自己的潜力。

爱心与不适有什么关系呢？

在进入最后一章之前，我想先花一点时间讲述一下爱心的作用。现在，我们已经知道了如何转变不适因素、培养更加健康的心理舒适区，那么就可以运用你掌握的技能来改变人类生活中据说是最珍贵、最重要的一个环节，即人际关系，或者说表达爱心的能力。

　　在我们的生活中，最容易给我们带来不适感的因素恐怕就是人际关系了，因为其他的事情很少会触动我们的情感。我们很多人渴望得到密切的人际关系，却发现这种关系是很难获取的。我们最渴望的事情，往往是最难实现的，这的确是有点讽刺意味儿。对于大多数人而言，遭到拒绝引起的情感不适，再加上对可能会受到伤害的恐惧，往往会成为人际关系中的重大障碍。这有助于解释为什么即便是密切的关系也经常会出现隔阂，而且有时候会出现冲突。只有当我们感觉表达爱心是一种绝对安全的行为时，我们才能自由地去表达。在长期的临床实践中，我发现要想真正地体验到爱的深度与广度，必须先学会忍耐不适因素。只要不适因素会给我们带来不安全感，真正的爱就永远无法实现。

　　友谊也是同样的道理。要想构建深厚的友谊，我们必须正确地对待自身的不适管理能力。只有自己的不适管理能力提高了，才能帮助别人缓解或消除不适。你可以问自己这样一个问题：如果你自己遭遇了精神上的痛苦而无法解决，那么你能解决其他人的痛苦吗？我认为不能。我在长期临床实践中发现，面对病人的不适，如果我能感觉淡定自若，并完全相信自己有能力加以解决，结果就会非常圆满，反之，如果我自己都慌乱不定，希望自己离病人远一些，那么我就无法帮助病人。如果病人觉察到了我自己都害怕去探索令他们痛苦的问题，那只会令他们更加害怕，更加不敢去直面并处理自己的问题。我要想为病人提供有益的服务，必须先克服自己对令病人感到不适的问题的恐惧感。不仅我和病人如此，我们在日常生活中要想构建真正深刻的、有意义的友谊，也必须先克服对不悦事件、不适事件的恐惧感。如果人际关系中一丁点儿的挫折就让我们退缩，那么我们的关系往往只会停留在比较肤浅的、不能令人满意的水平上。实际上，所有成功的、令人满意的关系，无论是工作关系还是私人关系，都要求我们能够妥善地管理好各种不适因素。

要想成功地管理不适，多同其他人接触也有好处。我们要在人际交往中邂逅志同道合之人，从这些人身上寻找慰藉，而不要独自一人徘徊在痛苦的泥沼中。从本质上讲，我们人类是具有显著社会性的动物。我们在这个星球上之所以能够繁衍生息，很大程度上就是因为我们有能力建立各种社会结构，建立社区，开创人类文明，建立了牢固的相互依存关系。比如，一些针对同情心作用的研究就指出，其他人觉察到我们的不适之后会产生同情感。毕竟，就其定义而言，同情心就是因他人的痛苦与不幸感到怜悯或担忧的能力。如果我们没有这个素质，我们人类的进化、发展速度可能就会放慢。因此，不适可以让我们形成更加牢固的关系和社会网络。或许正是由于这个原因，同理心与爱心才能够改变我们的不适体验，提高我们对不适感的容忍力。

在下一章，我们将会结合日常生活中的常见情景来分析不适感与业绩之间的关系，从总体上分析一下本书的主题，并将进一步为你提供可以应用于现代生活的策略。

第*10*章
生存本能的作用——压力下的决策艺术与表现

恭喜！从阅读本书开始到现在，你肯定对自己有了更多的了解，而且还是通过一些让你十分惊奇的方式去了解的。我希望你能够更加娴熟地应对生活中的焦虑，适应诸多的不适，不管这些焦虑和不适是由什么因素引起的。但是，书中有一大块内容我之前避而不谈，就是为专门留到最后详细叙述。我认为在探讨这个话题之前，有必要带领大家阅读完之前的所有章节。至此，我已经着重探讨了生存本能对身心健康状况产生的巨大影响。但是这些本能除了影响我们的身心健康状况之外，也深刻影响着我们生命中的其他方面，与我们的生存和成功息息相关。

在我所提到的这个方面里，我们的生存本能决定了我们短期努力或长期努力的结果，不管是好的还是坏的，不适感和生存本能潜伏的时间更加长久。如果非让我给这个方面下个定义，那么我只能称之为"表现"。当我们必须在压力下工作时，反应敏锐且能够在瞬间做出决定就显得尤为重要。如果我们不能很好地处理这种情况，就会表现得十分糟糕。很多利害攸关的场合都是如此，比如，在工作中，你可能需要迅速处理一组数据，结束一大笔金融交易，应付一场起诉或者处理一次冲突；再比如一次测验，不管是能够决定你未来的一场考试，还是会决定你未来老板的一个面试；抑或在一个重大场合，安排你做公开演讲，或者让你向潜在客户和广大消费者推销自己或你的服务；再或者你作为父母、一个伴侣、一位搭档等，需要表现出强大的力量，为依靠你的至爱之人撑起一片天。如果你是一个专业的艺术演员，你就会知道在试镜中脱颖而出是多么重要。近年来对体育界的研究，也集中到了诱发恐惧的动因上来。我们有充分的理由相信，在一大堆运动精英中，把赢家与输家区分开来的不仅仅是与生俱来的天赋或技巧。大部分运动员的身体机能和极限都是相同的，不同的仅仅是他们适应不安和恐惧的能力。因此，正如大家看到的那样，适应不安和恐惧的能力，在我们的表现中起到了至关重要的作用——它将最终决定一个人的成败。

我所说的表现，不仅仅指我们年少时贴在墙壁上或冰箱上的奖状。今天，表现的意义更像一场马拉松，而不是一次短跑。作为成年人，要想满足我们诸多的重要需求，越发要依赖我们自己的表现。你不必成为一个专业的运动员或者一个《财富》500强企业的首席执行官，以使得自己的表现举足轻重；与你表现密切相关的一切一直在你的生活和健康中扮演着巨大的角色，大到让你难以置信。不管你是正收尾一项紧急的工程，力求在一场考试中取得高分，还是绞尽脑汁想给你刚结识的某人留下深刻印象，或者努力打破自己上次的纪录，抑或想在高尔夫球场上打败对手，适应不安和恐惧的能力都至关重要。

我坚信，我们自身文化中诸多的生存本能之所以偏离正道，原因之一就在于我们很少有人受到实际训练，没有人告诉我们当需求日益增强时，我们该如何表现自我。因此，当下我们才面临着一个真正的难题：在过去的几十年中，我们的工作量大幅增加了。不信你可以随便问一个学生或工人，现在他们是否需要在更短的时间内完成更多的任务，你一定会听到一个响亮的"是"。但是你们最近一次接受训练，学习如何把自己的技能和知识转化为有益的工具，以应对你在压力下的工作是什么时候呢？不少公司现在都出售这样一种服务，表示保证能让你表现良好，或者告诉你如何在更短的时间内完成更多的任务；但是绝大部分项目都没有教会人们应该如何处理与表现相关的焦虑情绪。

对我们大多数人来说，第一次在压力下的表现都始于学校，比如一次数学测验，或者一场口头报告等。但是不幸的是，作为一个群体，我们大多把注意力集中在传授事实、传递信息方面，而不是教导

人们如何克服不适并取得优异的表现。我都不记得在学校期间学过什么实用的心理调节技能。甚至那些专门为辅导学生通过标准测验的项目，比如高考辅导班、医学预科辅导班之类，往往只专注于答题所需的事实和知识。他们没能教会人们如何在时间紧迫的情况下超越自我并脱颖而出，这些可能和试题中明确考查的知识点毫无关系。他们同样也没能帮助学生处理好不同程度的焦虑情绪可能引发的冲突，其中有些焦虑是有益的，有些焦虑则是有害的。因此，大多数人都只能自己照料自己，实质上，也就是让自己内心的生存本能占了上风。正是由于这个原因，那些用来帮助人们更好地管理时间或减轻工作压力的手段经常会失效。比如，当今大部分教人们自立自强的书籍总爱夸夸其谈，一味专注于如何划分事情的轻重缓急以及如何把远大的目标切分成无数个小目标，各个击破；却没有一本书提到其中的核心问题：要想淡定从容地应对好这些重要事件，首先就应该处理好其内在的焦虑情绪。你必须先有一个舒适稳定的环境，然后才能尽自己的最大努力去工作。

如果你没有学会如何把自己的不适转化为力量之源来优化自己的表现，那么不健康的焦虑情绪就会不可避免地侵蚀你的一切，严重阻碍你走向成功。事实上，我的工作和其他一些工作表明，测试中近60%的人之所以表现不佳，就是由不同程度的焦虑情绪导致的。被调查者本应超常表现，但仅仅因为受到测评，就使得大多数人表现得有失水准，完全没有超越他们应有的水平，这是十分让人难过的。一些极端情况表明，有超过 30%的被调查者，由于受到不同程度的焦虑情绪的影响，表现极其不佳。这之所以如此重要，是由于我们在学校接受测试时产生的焦虑情绪会对我们未来的表现产生巨大影响。

到目前为止，你已经了解到，一旦在压力下变得高度敏感，反应过度，那么你收到的每一个要求，包括那些最细微琐碎、无关紧要的要求，都会让你恐惧。这时，那些削弱你适应能力的不良习惯也就开始形成并逐渐变得根深蒂固，而且你也知道，这一系列事件导致的最糟糕的结果之一就是触发你的生存本能。忽然之间，你的思绪就会愚蠢地陷入到考试的惶恐中，诱发你的生存本能以及一系列的相关症状。

唯一值得恐惧的事情

"唯一值得恐惧的事情是恐惧本身。" 1933 年，富兰克林·罗斯福在其就职演说中讲出这一句话时，可能还不知道什么是恐惧的哲学意涵，但是他指出了恐惧对我们人类产生的影响，这一点是十分正确的。正如我之前所说的那样，我们的身体为了满足自身的需求，每天都处于争战之中，向无数的完全不能称为威胁的因素发起战争（当然，这些所谓的威胁也无法与罗斯福那一代人所面临的威胁相提并论）。

2000 年，《生物精神病学》（*Biological Psychiatry*）杂志上刊登了一个非常有趣的研究成果。这项研究是在耶鲁大学的查尔斯·摩根教授（Charles Morgan III）领导下完成的。他的团队研究了压力对人体

的影响。他们选择了两个不同的小组，一组是特种部队士兵，一组是非特种部队士兵，然后让这两组人在压力极大的环境下执行任务。凡是熟悉特种部队的人或特种部队内部的人，都知道这是用来执行高风险任务的精英式军事组织。特种部队士兵必须具有强健的身心，必须有信心、勇气和技能，能够单独行动或组成小团队开展任务，而且经常处在一种与外界隔绝的、充满敌意的环境中。追捕并杀死本·拉登的海豹突击队第六小队，就是美国海军的一个特种部队。

在这项研究中，研究人员的目的就是寻找下面这个问题的答案：在压力状态下，特种部队士兵和非特种部队士兵体内的某些生物标志物（biological marker）会出现什么样的变化？他们研究的那个生物标志物就是神经肽Y（NPY）。这是一种由大脑边缘系统在应激状态下释放出来的神经递质。研究发现，压力水平越高，神经肽Y水平也就越高，进而会影响到人们的决策和表现。高水平的神经肽Y与创伤后应激障碍具有密切关系，而低水平的神经肽Y则有助于提高人们的抗压能力，增强人的灵活性。这些研究人员原本认为在压力状态下，特种部队士兵的神经肽Y水平低于普通的士兵。而令人惊讶的是，特种部队士兵的神经肽Y水平一开始比普通士兵的高得多，但很快又迅速下降，而普通士兵的神经肽Y水平一直保持在高位。换句话讲，面对同样大的压力，普通士兵可能会被其不适和生存本能击垮，而特种部队士兵则能够迅速地管理好自己的不适感和生存本能，以一种积极的、建设性的方式加以应对。这就解释了为什么特种部队士兵在极端严酷的环境下仍然能够做出良好的反应。这并不是说他们不会产生恐惧与不适的情感，而是说他们接受过良好的心理技能训练，能够自己引导自己以更加有效的方式管理好自己的不适与生存本能。正是得益于这种训练，他们才变得更加坚强勇敢，更具有灵活性和适应性。

佛罗里达州立大学的社会学教授克里斯琴·瓦卡罗（Christian Vaccaro）和宾夕法尼亚印第安纳大学的研究人员也曾经开展了关于如何管理压力的研究。他的研究团队把武术比赛的选手作为研究对象，结果发现这些人都具有独特的方式去管理自己的压力，使自己变得有信心。那些输掉比赛的选手通常把原因归结为恐惧情绪，而不是技能的缺乏。

我讲这些的意思是什么呢？我们很多人都不会接受特种部队士兵那样的严格训练，但我们可以想象自己拥有像他们那样随时能够做出灵活反应的身心。其实，即便没有接受过严格的军事训练也有可能做到这一点。在生活的很多方面，我们都需要在压力状态下做出决策，如果每个人都学会了管理恐惧和不适，我们就极易取得成功。现在，我们来看看大脑边缘系统是如何影响人们在压力下的表现与决策的。

压力下的决策

我在前面讨论生存本能的时候，描述了生存本能激发"下丘脑—垂体—肾上腺轴"反应的过程，即大脑边缘系统内的下丘脑刺激垂体和肾上腺，进而刺激交感神经系统产生应激反应。这个反应过

程之所以会对人们的表现产生特别重要的影响，是因为下丘脑—垂体—肾上腺轴的长期激活会导致大脑皮质丧失与大脑边缘系统协调工作的能力。由于大脑边缘系统会产生恐惧反应，它的影响力超过了大脑皮质的影响力，大脑皮质输入的一些宝贵的、理性的信息则被置于次要地位。这两个大脑部位基本上处于相互敌对的状态，从而不利于我们取得良好的表现。这就像一架飞机，本来有四个螺旋桨，但只有一个工作，就无法正常运转。此外，由于恐惧反应主宰了人的大脑，使人失去了有助于发挥出最佳水平的内心资源（比如自信等），结果导致我们无法制定并执行良好的决策。

　　我们对不适的忍耐度深深地影响着我们的表现能力和决策能力。这一点绝不是无关紧要的。事实上，2002 年诺贝尔经济学奖得主丹尼尔·卡尼曼（Daniel Kahneman）曾经发表过很多关于决策心理学的研究成果。在他出版的一本名为《思考，快与慢》（*Thinking, Fast and Slow*）[1]的著作中，他描述了人类两套相互冲突的思考体系：体系一就是快速的、直觉性的和情绪化的思考，体系二就是较慢的、更加慎重的、更注重逻辑的思考。显然，体系一指的是大脑边缘系统，体系二指的是大脑皮质。他指出，大脑边缘系统通常不是最佳的决策依据，因为即便在没有压力和恐惧的情况下，大脑边缘系统的思考仍然有可能存在严重的缺陷或者不符合理性的要求。但在涉及压力和恐惧的时候，会发生什么情况呢？

---

　　① 该书中文版已由中信出版社出版。——编者注

1997 年，艾奥瓦大学医学院的安托万·贝沙拉（Antoine Bechara）带领其团队做了一项有趣的研究。他们发现恐惧情绪会让人们更加厌恶损失。换句话讲，当我们感到恐惧的时候，冒险的意愿就会降低，而且更有可能只看到事情的消极面而忽视了积极面，以至于导致我们在决策过程中往往抱着一种自我保护的消极心态，而不是发掘潜在价值的积极心态。即使没有外在压力，情况也是如此，人们同样存在这样一种倾向，因为我们内心对恐惧和不适有一个参照点，即便现实环境中没有压力，没有不适因素，我们仍然心存畏惧，仍然存在保守倾向。焦虑和不适程度更高的人更是如此。

其他人做的研究也进一步表明我们对消极事物具有内在的偏好。我们处理坏消息的速度往往快于处理好消息的速度，而且在解读形势时，我们倾向于从消极角度去解读，往往忽略了有利的、积极的元素。在模棱两可或充满不确定性的情况下，即便出现消极结果和积极结果的概率相等，我们仍然会因为恐惧感的存在而做出消极的解读。

请回忆一下我在第 4 章所讲的内容。我在那一章里指出，多巴胺水平的高低对生存本能是否被激发具有重要作用。如果我们无法有效地管理不适和恐惧，那么多巴胺水平就会降低，我们就会陷入一个永无止境的恶性循环之中，多巴胺水平越来越低，不适感越来越强。为了控制这种不适与恐惧，我们就会形成一些坏习惯，而这些习惯只会进一步降低多巴胺水平。研究表明，在决策问题上，多巴胺的不足会

直接影响到大脑边缘系统的杏仁核，削弱它对大脑的影响力。换句话说，如果多巴胺分泌水平太低，杏仁核就无法告诉大脑停止抑制多巴胺水平的行为。这就解释了为什么上瘾者即便在受到了一连串惩罚之后仍然无法做出正确的决策，而保持着原来的坏习惯。在决策问题上，如果人们无法有效地管理不适，那么人们在压力之下将会继续做出拙劣的决策。

但如果不存在大脑边缘系统会出现什么情况呢？纽约大学的彼得·索科尔–赫斯纳（Peter Sokol-Hessner）、伊丽莎白·费尔普斯（Elizabeth Phelps）和加州理工学院的科林·卡默勒（Colin Camerer）曾经在这个问题上进行过联合研究。他们发现，如果切除大脑边缘系统的杏仁核，那么我们的风险厌恶情绪会明显受到抑制。但现实中我们显然不会切除杏仁核，它是大脑边缘系统最先对外界刺激做出应答的部位。但是索科尔–赫斯纳和他的团队的数据表明，即便不切除杏仁核，我们仍然有可能改变我们的风险厌恶情绪。曾几何时，专注于事情的消极面可以让人类预料到潜在风险，从而采取预防措施，有利于人类生存。但现在威胁人类生存的因素已经大为减少，而这种古老的消极思维仍然存在，在遭遇到不适情形时，人们更加倾向于只看到消极面。这就解释了为什么我们总是更多地想着如何避免损失，而不是如何去追求利益。换句话讲，我们对于安全的追求高于一切。当我们那不合逻辑的大脑边缘系统压倒大脑皮质而占据主导地位时，我们在决策过程中就会日益倾向于快速做出判断，而这种判断方式会削弱大脑皮质的作用，导致我们在出现不适感的时候无法做出精准而长远的决策。所有这一切都会直接影响到我们的自我表现能力。当体验到压力带来的恐惧时，大脑边缘系统就会迫使我们采取自我保护的措施，而忽略了大脑皮质输入的宝贵的、理性的信息。

接下来我们看一看应该如何培养良好的自我表现能力以及我们的焦虑和不适是如何发挥强大影响的。你可能不会亲自经历下面描述的所有情景，但肯定会对一个或多个产生认同感。之后，我将提供一些指导建议，帮助你训练自我，在压力状态下也能阻止生存本能发挥作用，并取得最佳的表现。你可以运用本书所描述的诸多方法和策略。

职场上的表现：徘徊在心理不适区

工作可能是我们生活中最大的一个组成部分了。在工作中，我们无时无刻不面临着在压力下做决策的情况。毕竟，在工作中的表现能够决定我们的晋升情况、薪酬水平和自尊心。因此，掌握住职场中的不适管理技巧是绝对有必要的。我在本书中描述过的很多案例其实都是关于如何处理职场压力的。请回忆一下我之前提到的那位名叫扎克的病人。他在一家大型律师事务所里苦苦挣扎，面对职场不适，他觉得自己很难继续做下去。以扎克为代表的这一类人需要培养更好的不适管理技能，尤其当他们遭遇一些超出自身控制能力的情形时，不适管理技能就会显得愈加珍贵。

为了从一个更加广阔的视角去理解不适管理在职场环境中的作

用，我选取了一位成功企业家的案例。这位企业家的名字是罗宾·理查兹（Robin Richards）。他在云谲波诡的商界摸爬滚打了很多年，取得过很多辉煌的业绩，堪称一位具有远见卓识的战略家，或许他最著名的一个头衔就是音乐服务网站MP3.com的总裁。他是这个公司的创办者和首席运营官。该公司在很大程度上催生了可下载音频文件的革命，最后该网站被威望迪环球（Vivendi Universal）收购。现在，罗宾是Internships.com的总裁兼首席执行官。该网站是世界最大的实习生求职网站。

罗宾的生活哲学和工作哲学与其成长经历有关。他出生于一个蓝领工人的家庭，经济状况并不宽裕。一年只有寥寥几次外出就餐的机会，而正是这些场景给他留下了痛苦的记忆，因为菜单上的一些菜显得有些昂贵，所以父母不让他点。他的母亲无钱购买喜欢的裙子。罗宾从小就下定决心过上一种截然不同的生活，并竭力主宰自己的命运，不会去在别人制定的规则下工作。正是这份坚定执着的信念指引着他在商业和家庭方面都取得成功。

我向罗宾提了个问题，请他讲一下不适管理技能在其职场中发挥的作用。当他听到这个问题时，脸上顿时出现了兴奋的神情，他用强调的语气讲述了不适管理技能对其成功的作用，并指出他之所以能成功，最重要的因素之一就是具有不适管理技能。他跟我分享了一些非常有趣的心得体会。他说："只有顶住不适，处理好不适，才能成功，才有钱赚。"根据罗宾所说，如果出现了什么不顺心的情况，随着压力越来越大，很多人在压力和不适面前容易自乱阵脚，很快就会失去理智，做一些不该做的事或者说一些不该说的话。他认为很多生意之所以失败，原因就在于此。毫无疑问，罗宾所说的就是这些人受到了其生存本能的影响。

罗宾相信任何人都有可能成功，但至于能否成功，则取决于能否忍耐不适，能否有效地管理不适。对他而言，信心不仅仅来自固有的成功，还来自能够顶住不适。他说，在职场上，每个人都渴望自己是赢家，这很简单，但至于能否预料到潜在的不适并未雨绸缪，则是一项更具挑战性和必要性的任务。前进的路上出现问题是不可避免的，如果能提前预料到并做好准备，就能大大减少损失，使你能够淡定从容地游弋于商海。罗宾的一个人生信条就是"拒绝失败"。他还相信，他的抗压能力非常强，即便心理不适也能忍耐，这一点赋予他很大的竞争优势，因为很多年轻的执行官们都害怕遭遇不适因素，不惜一切代价地规避冲突和不适。罗宾认为，作为一名商业领导者，如果你的对手或同事知道你不害怕不适或冲突，并且你能够有效地管理好二者，那么你就会赢得他们的尊重。

我问他如何应对自己的不适时刻，他说："当暴风雨袭来的时候，我肯定会感到焦虑，但这也激发了我的战斗欲望，我会鼓励自己通过自己的努力去解决问题，让自己变得更加强大。"他认为这种不怕挑战的思想准备可以追溯到儿童时期，当时他就下定决心主宰自己的宇宙。他对一切挑战都持有拥抱和欢迎的态度。

这听起来很熟悉。我们在前面提到了一项针对特种部队士兵的研究，他们在战斗中经常遭遇令人害怕的情形。那项研究的结果与罗宾的话似乎很相似。人们能否成功地应对外界挑战，不在于是否存在令人恐惧的因素，而在于如何去处理恐惧和不适。对于罗宾而言，他不试图逃避不适，而是欢迎不适，认为不适是通向成功的必由之路。虽然不适因素一开始会给他造成不适体验，引发强烈的不安，无疑也会引起高度焦虑，但罗宾不会因此形成一些坏习惯来缓解不适。相反，他将不适视为机遇，并采取积极的、建设性的行为。

罗宾还知道，作为一个领导者，他还要躬亲示范，教导自己的员工如何去管理不适。他说，这个任务并不简单，因为很多员工都是在一种安逸舒适的文化氛围下成长起来的，他们理所当然地认为自己应该享受舒适、成功和幸福。罗宾相信成功并无捷径可走，这体现着古老的智慧，但要想让年青一代明白这一点可能很困难，因为年轻人做事情时普遍渴望着立刻见到成效，对不适感的忍耐能力较低。在年轻人面前，他一再强调说不可能永远一帆风顺，希望以此让年轻人对未来可能出现的严峻挑战做好心理准备。他在对员工讲话的时候，就提醒他们说自己产生了受挫的感觉也无关紧要，要自己去战斗，去克服障碍，为自己赢得荣誉。

如同大多数成功的领导者一样，罗宾非常重视在其公司内部建立强大的团队。他喜欢建立兼收并蓄、博采众长的团队，也就是说，让具有不同的人格类型、不同的工作态度、不同的不适阈值的人组合在一起。虽然这种做法往往会引发一些争论和分歧，但他发现，与那种完全由同一类人组成的团队相比，这种团队更容易获得成功。在这种团队里面，难免会出现不协调的情况，但罗宾会鼓励他们坚持下去，鼓励他们把不适感视为成功的一个重要元素。他还把自己的事迹作为样板，让员工从他身上领悟如何利用不适感来激发自己提高效率。他坦率地承认自己面临的挑战，并教育员工把不适视为成功的一个必要元素，这样一来，他就能够提高团队的业绩和意志力。如同训练特种部队的士兵一样，他训练员工将不适转化为成功的行动。

除了在职场面临考验之外，我们在生活中还面临着其他较为传统的考验。这些考验可能起源于青少年时期，我们在这个时期获得的知识储备为之后应对各类考验奠定了基础，无论是职场上的考验还是人际关系的考验。

学术和测试中的表现：在压力下工作

老一代人都是在十几岁时或者成年之后才第一次遭遇到失控的生存本能，而今天的孩子们却不同，他们在学校不得不为了令人艳羡的成绩而展开激烈竞争，承受着越来越大的压力，生存本能被触发的时间也越来越早。他们不得不日益频繁地想办法缓解生存本能带来的不适。你可以想象得到，在很多情况下，这些孩子们都没有能力采取健康的应对举措。在应对生存本能的过程中，他们通常没有注意到这场无声的战役所产生的影响已经悄然渗透到其他生活领域，改变了他们

的行为方式、社交方式以及决策方式。直到这种影响已经严重到了几乎不可能忽视的地步，他们才意识到问题的严重性。

我举个例子。我曾帮助过一位名叫珍娜的病人。她是一个聪明的、有前途的年轻女子，原本考试成绩非常好，但后来随着其焦虑水平逐渐超过了她的不适阈值，成绩开始出现下滑。她第一次来见我的时候，即将进入十一年级。当时，参加考试已经变成了其生活中的一大障碍，因为考试让她感觉到十分恐慌和焦虑，这迫使她依赖药物来管理这些不适感。进入十一年级之后，她将面临参加学术能力评估测试（SAT）和申请大学，擅长考试的能力对她未来的成功扮演着越来越重要的角色。虽然珍娜曾经擅长考试，但进入十一年级之后，她的症状仍然没有缓解。对于珍娜而言，她出现那一系列症状的主要原因是她过于害怕失败。她发现自己在考试开始的几天之前就会出现肠胃不适、恶心和失眠，考试那一天甚至会出现呕吐。在考试过程中，她的注意力很容易分散，胃痛、短暂失忆以及恐慌，似乎她在考场上的表现能决定她的一生。

珍娜并不是成绩普通的学生，相反，她是一个非常优秀的学生，还参加了多门大学预修课程。可以说她是一个经验丰富的考生，在学校期间表现良好，并且对自己抱有很高的期望。但随着时间的推移，她那些跟考试有关的症状、围绕着考试而形成的消极思维模式以及对失败的恐惧感日益加剧，进入十一年级之后，她的焦虑感已经极其严重了，在整个应试过程一直伴随着她。换句话说，无论测试内容是难还是易，她那些病态的反应都会出现。这就是我所说的"考试病"。

如同她的很多同学一样，为了缓解不适感，她养成了一些不良习惯。她会同时做很多事情，比如看电视、吃零食、发短信和学习，这样反而加剧了她的焦虑感。她经常坐在电脑前学习或做作业，经常熬到睡觉时间，这就进一步加剧了她的焦虑。在过去，珍娜的焦虑水平一直处在合理的控制范围内，但到了十一年级（这是所有面临考大学压力的学生都害怕的一个年级），她的焦虑水平就达到了最高值。最终，高水平的焦虑再加上她在学校承受的多重压力，就像化学反应一样促使她的不适感飙升到了足以触发其生存本能的地步，导致她的症状出现得更加频繁。她的情绪状态也在变化。她母亲说珍娜经常显得紧张、烦躁、易怒，好像背负着沉重的包袱一样。当我问珍娜为什么对考试做出这么激动的反应时，她说，为了成功，她愿意全力以赴并承受巨大压力，虽然这样会让她心烦意乱，但她已经习惯了这种感觉。这个反应就是珍娜的"考试病"。但她现在意识到了这种情况正在控制着她的生活，而且会毁掉她取得成功的能力。是时候做出改变了。

我之所以提出珍娜的例子，是因为这个例子很有代表性。当我们不得不在压力极大的环境下表现自我时，很多人都会采取像珍娜那样的反应方式。一些人在申请进幼儿园的时候就经历了人生的第一场测试，从幼儿园开始，我们的一生中会经历无数场例行性的测试，既有学业方面的测试，也有非学业的测试。我们在职业生涯中会经历测

试，在找工作时也会接受性格、技能以及其他特质的测试。在面临一场测试时，我们体验到的恐惧或紧张往往来自两个方面，一方面是之前的应试经历，另一方面是不知道自己在当前这场测试中的表现会对自己的未来产生什么影响。

顺便提一下，珍娜已经克服了她的"考试病"，学会了如何在学业和生活中取得成功。在治疗过程中，我首先帮助她降低焦虑水平。这就需要改变她对持续刺激的需求以及对外部解决方案的依赖。这些外部解决方案包括抗焦虑药物布斯帕（BuSpar）。她最初只是为了缓解焦虑而服用，最后产生了依赖性。我为她治疗的目标就是帮她以不那么焦虑的心态去看待学习和测试，同时减少加剧焦虑心态的因素。后来她逐步将学习与考试同一种完全不同的内在心态联系了起来，在大脑边缘系统和大脑皮质之间实现了平衡。

为了缓解测试给自己带来的压力，她还尝试着在一种较为平衡的大脑状态下练习答题，同时还学习如何将不适感转化为提高成绩的机遇。因为人或多或少都会存在一些负面思维，所以，试图完全消除负面思维是没有意义的，也是不可行的，倒不如接受负面思维的存在，然后想办法削弱或中和这些思维的影响（此外，如果我们刻意去推开或忽视某个事物，只会令它变得更加强大）。当我帮助珍娜降低失控的焦虑并削弱负面思维的作用时，我教她运用适度的不适来改善其表现，最终使其生存本能的作用逐步弱化，到最后她参加考试时基本上不会受到生存本能的影响了。通过这些做法，我帮助她培养了一种全

新的、良好的应试心态，取代了原先那种每逢测试就会出现的不适感
与消极思维。在这种新的反射模式下，她每次想到参加测试，就会产
生追求成功的动力，而不是恐惧。简单地讲，测试不再是她生活中威
胁成功的障碍了。

适者生存：体育方面的表现

我们在早期校园生活中的应试体验对我们未来在类似情形中的表
现状况具有基础性的影响。体育方面也是如此。一个人年少时期在操
场上、足球场和篮球场上的经历会影响到未来在体育方面的表现能
力。在我们的文化中，无论是对于专业体育竞技而言，还是对于规模
较小的体育竞技而言（比如美国小学的少年棒球联合会举行的比赛），
其重要性越来越大。事实上，我记得我最早是在 9 岁时参加棒球比赛
的。当时，我站在投手区，所有人的眼睛都盯着我，其中有队友，有
对手，也有观众。大家都在等待着我投球。当时的焦虑感不亚于我后
来第一次为迈克尔治疗呃逆的焦虑感。像这种与表现相关的不适感很
早就开始了，而且不会停止。对于大多数人而言，你可能会一直饱受
这种不适感的折磨。

我们每天都能看到发生在体育领域的、与表现相关的不适感。打
开电视你就会发现，很多选手能够凭借本能做出良好的反应，而也有
很多选手在赛场的压力下崩溃了，做出了很多拙劣的决策。一些网球
选手在压力下只知道出于防守目的挑高球，而不去积极扣杀。一些

篮球选手在训练中的罚球命中率能达到 90%，而到了真正比赛时却自乱阵脚，命中率下降到了区区 50% 的水平。科比·布莱恩特和佩顿·曼宁之类的精英运动员最显著的特质之一或许就是他们能够在感到极为不适的情形下发挥出良好水平。

在本章伊始，我提到了佛罗里达州立大学的社会学教授克里斯琴·瓦卡罗等人对武术比赛选手的研究，那些输掉比赛的选手通常把原因归结为恐惧情绪。随着人们对自己在体育竞技中的表现越来越重视，他们在竞技过程中的恐惧情绪也达到了有史以来的最高点。以我一位名叫马丁的病人为例。他来找我时是大学里的一位篮球明星，当时他的志向是加入 NBA（美国男子职业篮球联赛）。虽然他的投篮技术算不上特别优秀，但命中率仍高达 70%。然而，到了大四那一年，他发现自己的投篮技术越来越低，命中率下降到了 35%。他在赛场之外的训练也无济于事，不久他的投篮姿势也开始变得僵硬，在投篮前不是拍着球前进，而几乎是推着球前进的。导致情况更加糟糕的是，他的队友们和教练们都不停地催促他提高技术，而且自己的粉丝们也几乎没有耐心，每当他准备投篮时，粉丝们都会抱怨他、讥笑他，这给他造成了极大的压力。结果导致他一想到自己站在罚球线前赛场上的所有人都盯着自己，他就会感觉极度不适，感到恐慌和害怕。这最终触发了他的生存本能，侵蚀了他的信心，甚至严重妨碍了他在无压力状态下的投篮命中率。

在问了他一些问题之后，我发现他那日益加剧的恐惧情绪并不是新形成的，而是很多年前的小学时期就开始形成了。当时，马丁是一位中上等的学生，他最害怕的事情就是做口头报告。他至今仍然可以清晰地回忆起当时那种恐惧得快要瘫痪的感觉。他几乎说不出话来。他的同学们取笑他，而他的老师也流露出了不满的表情。不久，他一想到做报告就感到恐惧。于是，当老师点名让他起立时，他似乎能看到同学们正在对他表达不满，对他讥笑。现在，这么多年过去了，当在大四那年承受了巨大压力时，他再次开始感到恐慌，在他的队友、教练和粉丝那里感受到了类似于小学的那种挫败和羞辱。这种体验是其小学时期的翻版。当他准备投球时，他似乎又回到了小学时期做报告的时候，充满了恐惧，无法正常地表现自我。

无论你是不是一个专业运动员，在比赛中投球时都会感受到一种程度的不适，这是正常的。因此，我为马丁提供治疗的目的不是完全消除他站到投篮线前的不适感，而是帮助他学会如何有效地管理不适感。因为我了解到他的不适感与童年时期在学校的经历有关，所以我能够帮助马丁把他在篮球方面的不适感与童年时期形成的恐惧感割裂开，打破二者之间的关联性，最后他很快就恢复了正常的比赛状态。

必须一蹴而就的情形与不适感

在日常生活中，人们每天都要应付各种工作场合，或者应付来自家庭的各种需求，这种情形如果长期持续下去，人们感受到的压力必然会越来越大。在临床实践中，我接触过很多来自娱乐圈的病人，他们都非常熟悉面试过程，比如试唱、试奏、试镜等。他们非常清楚地知道自己在面试过程中的表现将会决定他们是否能够在一部电影或一部电视剧中获得一个角色，或者决定他们能否同唱片公司签署合作协议。由于利害关系重大，而且只有一次机会，必须一蹴而就，因此，这些病人的生存本能在面试过程中就开始发挥了空前显著的作用。此外，面试经历通常还涉及自己能否得到他人接受与认可的问题，以及别人如何评价自己的问题。当人们在参加鸡尾酒会时，参与一件重要的工作时，出席一个重要的社交场合时，或者与一位向往已久的人初次取得联系时，也会遇到同样的问题。我们都知道竭力赢得他人支持时会有什么样的感觉，无论对方是导演、制片人还是一位潜在的搭档。别人如何评价自己以及自己是否会遭到拒绝的问题是触发生存本能的主要因素。恐惧感一旦形成，很快就会对自己要做的事情形成巨大障碍。我们在前面提到的那位名叫珍妮特的女演员之所以备受生存本能的折磨，原因就是如此。你可能不是一位雄心勃勃的演员而不需要试镜，但你在自己的一生中肯定也会遇到这样或那样的类似于"试镜"的考验，你可能也只有一次机会，必须确保一次就能成功。要想成功地做到这一点，秘诀就在于抑制住自己的生存本能，在不受生存本能干扰的情况下取得卓越的表现。

现在，我们思考一下香农遇到的情况。来见我之前，她在好几个关键的试镜中遭遇了失败，没有获得自己想要的角色，但她并不是演艺圈的新手。在很长一段时间内，她的演艺事业都做得非常成功，甚

至在几部经久不衰的电视剧中担任过主演。然而，现在已经 45 岁的
她却遭遇到了来自年轻演员的竞争，她发现要想在试镜中脱颖而出，
赢得自己心仪的角色，难度越来越大。她向我讲述说，在之前的那几
次试镜中，感觉压力非常大，总是担心自己表现不好，结果在说台词
的过程中做出了一些错误的选择，以至于影响了自己的表现。在试镜
之前，和自己的表演指导一起练习的时候，她感觉非常轻松自在，也
能发挥出自己的专业水平，但一遇到真正的试镜，她就无法自控地感
觉到极大的压力。按理讲，在演艺圈打拼了这么多年之后，她肯定
知道影响试镜结果的不只是临场表现能力，还包括其他一些因素，比
如发型、肤色、年龄、身高以及总体气质。但她虽然知道这些，也
丝毫无法缓解她在试镜现场感受到的压力感和恐惧感。她来向我求助
时，这种对失败的恐惧感已经达到无以复加的地步，正在损害她的表
演能力。在试镜开始的很多天之前，香农就痛苦地开始背台词，而在
之前她从来没有遇到过类似的问题。之前，只要有人给她读一遍对
白，她就能记在心里。而现在她的生存本能控制住了她，导致她丧失
了很久之前就已获得的表演技能。试镜难免会让人神经紧张，因此，
人们在试镜前后产生不适感是非常自然的事情，而在香农看来，试
镜经历却演变成了一种对自己的威胁。她必须训练自己的大脑，使
其学会如何管理不适，正确地看待不适，不要将不适视为对自己的
威胁。只有这样，她才能彻底克服对试镜的恐惧，从而赢得下一个
角色。

尽管我讲述的只是香农这位女演员的情况，但我们很多人对她的遭遇都感同身受。我们都明白，在一些对自己至关重要的情形下，我们的自我表现并不总是符合自己的期望，我们常常会发现自己做出了一些愚蠢的、无法令人满意的举动。这种情形结束之后，我们就会感到害怕，就会自言自语地说："我为什么要那样说呢？难道不能这样说吗？"

我们在很多情况下都会有这种遭遇，比如当我们刚刚遇到了一个人，希望给其留下深刻印象时，当我们同上司洽谈晋升事宜时，当我们参加聚会而感到不适与紧张时，当我们把饮料溅到桌子上时，都会有这种遭遇。所有这些情形都具有一个共同点，即我们的不适感没有得到妥善的管理，结果导致了一些不尽如人意的结果。

训练自己在压力下实现成功

一些策略不仅可以用来管理自己在表现过程中感受到的不适，而且可以改善我们的表现状况。现在我们来看一下。我将会重复讲到在前一章中提到的一些方法，并另外提供一些你可以应用于生活中的技巧，无论你面对的是什么样的考验，无论是哪种类型的表现，都可以运用这些技巧。如果我们在不适管理方面接受过正规的培训或者正规的教育，固然是非常理想的，但更为现实的一种情况却是，我们不得不依靠自己的努力去获得这些技巧。我之所以在本书中加上这一章，主要是为了帮助你掌握这些技巧，其次是鼓励我们的领导者（包括学校管理者、上司和家长们）去实行一些帮助学生和雇员学会更好地管理不适的计划。毕竟，要想开发出学生和员工的真正潜力，使其在教室、会议室、操场和舞台等各种情形下发挥出正常的水平，帮助其掌握不适管理技巧就是最稳妥的途径之一。

技巧一：拥抱挑战

请回忆一下，我在前面提到过，拥抱挑战能够非常有效地帮助人们管理不适，并提高自己的灵活性和坚韧性。比如，罗宾就能够借助拥抱挑战的力量将自己的恐惧感转化为力量，改善自己的表现。请记住，我们感兴趣的不是彻底消除不适，而是将不适转化为一种能够帮助我们改善表现的催化剂，就像特种部队士兵或精英式的运动员那样。

我记得科比·布莱恩特在 19 岁或 20 岁左右接受的一次采访，当时他正在为湖人队效力，大部分时间都是作为替补在比赛接近尾声时登场，但他总是能够投下赢得比赛的一球。记者问他以替补身份登场是否感受到压力，他回答说："这个时候比赛才最有趣。"由此可见，在很年轻的时候，科比就已经掌握了以健康的方式去拥抱挑战并实现积极结果的能力。

我们可以通过后天的学习来训练自己将不适视为挑战，并拥抱挑战。大多数人都认为，既然拥抱了挑战，就不会感到不适，其实这种认识是错误的。我们的目标不是假装不适不存在，而是找到合适的策略去更加有效地应对不适。因此，在向学生和员工们教授这个策略

时，有必要帮助他们弄明白这个至关重要的区别。

技巧二：找到你内心的格斗士

找到你内心的格斗士这个技巧可以与拥抱挑战同时使用。如果你认为自己没有能力妥善应对逆境，那么这个技巧对你尤其珍贵。虽然很多人表面上给人的印象是非常自信，非常有能力，但他们在压力下或逆境中依然很容易崩溃。这个时候，唯一值得恐惧的就是恐惧自身，因为他们对失败的恐惧感加强了他们对现实逆境的恐惧。或许你会给人留下自信、坚强的表面印象，但在危机面前你可能感觉自己很弱小，很无助。你需要唤起内心的格斗士。

在临床实践和实验中，我经常让人们想象自己就是某个象征着力量和坚毅的人物，这个人物可以是真实存在的，也可以是科幻的、虚构的。这种想象有助于帮助他们更加成功地拥抱挑战。之所以会这样，部分原因就在于人们更加容易把力量赋予其他人，而不是赋予自己，一旦把自己想象成具有力量和坚毅的人物。在充满不确定性和恐惧感的情形下，人们存在的一种本能倾向就是认为自己很弱小，有可能会失败。而如果你把自己想象成具有力量和坚毅的人物，则能够给你的内心注入一种力量，从而在一定程度上抑制住这种本能的思维倾向。这种技巧有利于充分调动大脑的多个部位共同参与到对不适因素的认知过程中。

技巧三：寻求社会支持

请记住，在管理不适的过程中，运用社会支持的力量是一个重要的手段。社会支持对学生和员工学会如何管理不适具有宝贵的意义。罗宾·理查兹就十分赞成这种方法，所以他努力建立混合型团队，让他们形成一种相互合作的氛围，在相互支持下进行运作。我们在学校和职场中都可以鼓励建立团队协作项目。这种策略的另外一个好处就是可以发挥合作的作用，而事实证明，合作可以比竞争催生更好的结果。不幸的是，我们很多人在成长过程中被灌输的理念并非合作，而是竞争。美国的文化史就是这样，崇尚先驱精神，鼓励人们做一个有竞争力的、独立的个体。这甚至形成了美国的文化基础。这就解释了为什么我们的文化主张人们去单独行动、孤军奋战，去追求个人荣耀。虽然竞争可以为那些力图获奖的个人带来良好的结果，但通常来讲，这样给整个社会带来的损失也是特别大的。只有一小部分选择单独行事的人能完成他们想要完成的目标，实现卓越的个人业绩。在当前这个各国经济依存度日益提高的世界里，合作与协调才能最终让绝大多数人实现最佳的表现。

技巧四：承担风险

如果被问及"你想成功吗"这样一个问题，几乎每一个人都会做出肯定的回答。那么，既然如此，为什么又有很多人选择得过且过或

者索性完全放弃对成功的追求呢？对于很多人而言，出现这种矛盾现象的背后是他们恐惧失败，希望谨慎行事，为了免于承担风险，为了缓和自己对失败的恐惧感，他们不会付出最大程度的努力去追求成功。对于他们而言，不全力以赴去追求成功已经演变成了一种逃避风险的习惯，这种逃避是自我保护的一种体现。下面我讲述一个案例来诠释这一点。

雷切尔是一位 39 岁的科技公司高管，她拥有工商管理硕士学位。她的工作压力非常大，在工作日一般每天工作 12 个小时，即便在周末，她也不会停止工作。虽然她在公司里晋升得很快，但在过去几年里她感觉自己已经步入了事业的瓶颈期，在职位晋升和增加奖金方面，自己都遭到了忽略。她来见我之前的很长一段时间内都感觉疲惫不堪，导致她无法熬夜工作。但这并不是由医学意义上的疾病引发的。通过一段时间的沟通，我了解到她的疲惫感是切切实实存在的，但对她而言，这种疲惫感具有另外一层意义。当她无法晋升时，疲惫就能给她一个台阶下。换句话讲，如果自己的晋升请求遭到了拒绝，她可以对外人说自己是因为太累了，所以没有办法全力以赴去谋求晋升。当晋升请求被拒，虽然事实是她可能不像那位得到晋升的同事聪明或有能力，但如果直面这个事实，在情感上她很难接受。而从身体状况方面找理由或许在情感上更容易接受一些，正好可以挽回面子。

在工作中，我们害怕承担这类情感风险，这种恐惧经常会以具体的"症状"表现出来，就像雷切尔那样。我将这种"症状"称为"健康阻力"，也就是说，人们为了在失败的情形下给自己找个情感上易于接受的借口而宁愿长期保留一种不健康的习惯。在很多年以前，我在洛杉矶一家医院开展过一个心理神经免疫方面的研究项目，对这种现象进行过研究。我之前在一本名为《何时放松会损害你的健康》的书中曾经解释过，当我们希望逃避情感不适时，我们治愈疾病、保持健康的能力就会受到干扰和削弱，从而对恢复健康构成了一种阻力。从某种意义上讲，维持不佳的健康状况变成了一种不良习惯，成为逃避不适与风险的一种手段。

学生们可能也会采取一种逃避行为，使自己免于承受情感上的风险。他们可能不会认认真真地去研究考试资料，很容易就被其他事情分散了精力，比如浏览网页或吃零食，而实际上他们可能并不是真的饿了。在学习时吃零食成为他们逃避学习的一种手段。尽管从表面上看这种现象似乎很简单，可能只是学习习惯不好或者习惯于拖延，但实际上，这是他们蓄意为之的一种行为，一旦考试成绩平平，他们就会将其归因于自己没有足够多的时间去学习，而不愿意直面自己不够勤奋或不够聪明的现实。

对承担风险的恐惧不仅会影响到人们的工作和学习，也会影响到其他方面。我来讲述一个关于减肥者的案例。在一个针对长期减肥者的临床研究项目中，我帮助患者控制不健康的食品，打破食欲与无聊、愤怒、恐惧等情绪之间的联系。当时采用的干预手段不同于当前的手段。当前的手段比较注重对大脑皮质进行直接干预，而我当时设

计了一个催眠过程，通过催眠去影响大脑边缘系统的快感中心，因为能够直接影响到快感中心，所以这个办法在以下几个方面的作用特别显著，比如帮助你实施长期减肥计划、抗拒不健康食品以及减少食量。

对于减肥者而言，对于风险的恐惧会带来一些隐秘而危险的结果。对于一部分减肥者而言，这种恐惧并不是在早期减肥阶段出现的，而是在取得十分显著的成效之后才出现的。也就是说，刚开始减肥时，他们可能会雄心勃勃，充满希望，可能最终目标是减去六七十磅（约合 27~32 千克），而取得显著的成效之后，比如减掉了四五十磅（约合 18~23 千克）之后，他们反而担心减肥失败，进而丧失了继续实现减肥目标的愿望。当我对减肥者的这个心理变化进行深入研究时，他们有人给出了这样的说法，比如"我现在做得已经够多了，这样就行了。"从本质上来讲，这个时候，虽然他们的不适感一直是微乎其微的，但他们身体内部却有一个隐秘而强大的声音告诉他们说他们完成了减肥之旅。虽然已经取得了很大的成功，但他们内心深处却潜藏着一种对失败的恐惧感。不去实现最终的减肥目标可以起到一种自我保护的作用，就像雷切尔以身体疲惫为由寻求情感安慰一样。

正如我们可以看到的那样，人们往往因为恐惧失败而希望谨慎行事，但这样会对工作与学业及健康产生非常严重的不良影响。尽管这样做可能有助于挽回面子，并营造一种表面上的安全感，但实际上却在严重地损害着我们未来的表现状况和自我发展水平。我们应该从学校就开始培养承担风险的意识。在学校，我们不要一味地向学生强调对成功的追求，可以教导学生有计划地去冒险，也就是说，在冒险之前必须认真评估风险，不能贸然去承担风险。在现实世界中，成功者会受到奖赏，而失败者却不会。如果人们在进行充分评估之后去冒险，结果却失败了，其实并没有什么大不了的。如果一个孩子去大胆尝试了具有创新性的新事物，结果却不尽如人意，那么他的努力仍然应该得到认可，这样才能鼓励他再次去大胆尝试（请注意，认可并不意味着去过度奖励，不能让孩子们一直期待奖励）。这种认可能够改善他们未来的表现，同时降低他们对谨慎行事的过度追求，还能够让学生和员工实现我们希望看到的那类创新。

技巧五：给自己施压

要想管理好在自我表现过程中产生的恐惧感，最有效的办法之一就是培养自己在时间限制下解决问题的能力。虽然在现实中我们可能不需要争分夺秒地去工作，但主动给自己施压，锻炼自己的抗压能力，有助于我们改善自我表现的技能。人们都存在一种天然的倾向，即往往希望自己处在一种舒适的环境下，或者以一种舒适的方式工作，但现实世界不断提醒我们，这种理想化的环境是几乎不存在的。请回忆一下我在前一章中讲述过的关于双重感知能力的例子。在那个例子中，我帮助过的病人学会了如何在噪声干扰下放松身心和集中注意力，所以，在现实世界中，当他们遭遇挑战时，总是能够做出更好的准备。我们的自我表现也是如此。我们越是主动给自己施压，在

存在诸多干扰和时间限制的情形下锻炼自己，我们在压力下感受到的不适就越少，而且能够把这种压力转化为动力，帮助我们实现预期目标。因此，我们可以抑制住生存本能。

对于那些希望在考试中出类拔萃的人，我通常让他们在时间特别紧张的情况下进行模拟测验。在这种练习中，时间比真实的考试时间紧张得多。比如，对于参加律师考试的人而言，我让他在时间特别紧张的情况下进行模拟测验，选择律师考试中的一些题目让他作答，或者让他以非常快的速度解答关于某个短文的问题。这种训练的目标不一定是追求答题的准确率，而是培养抗压能力，使他在压力水平高、利害关系大的真实测验中形成较多的舒适感。

对于那些希望改善工作环境的人，我让他们在时间非常紧张的情况下争分夺秒地去做数学题。这为他们体验不适，并学着如何引导自己将压力与不适转化为动力提供了一个很好的机会。在这个练习中形成的不适感来自两个方面。第一，数学题本身的内在特征就会让很大一部分人感觉不适。第二，在时间限制下解答数学题会加重人们的不适感。这个练习的目标不是追求答题的准确率，也不是追求最高的分数，而是让人们在压力下营造出心理舒适区。

训练自己，实现成功

正如我一再强调的那样，我们可以通过训练来培养自己在压力下实现最佳表现、做出明智决策的能力。可以肯定的是，有些人能够依靠与生俱来的本能在艰难的条件下实现较好的自我表现，但能够做到这一点的毕竟只是少数人。我们没有必要像前文提到的精英式运动员或特种部队士兵那样去锻炼自己的抗压能力和不适管理能力。对于学生而言，他们的目标是在考试中取得最佳成绩，并把自己学到的知识转化为良好的成绩。因此，我们完全可以在下一代年龄较小的时候为他们提供一些训练，培养他们的抗压能力和不适管理能力。这种做法是非常有道理的，有利于缓解不适感给他们带来的负面影响，这些影响包括降低他们的自尊感，使他们不愿意承担风险（即便有些冒险会给他们带来利益，他们也不敢去做）。此外，这种训练还有助于帮助学生将他们所学的知识应用于现实世界中。

为企业里的员工提供这样的训练也具有同样的重要性。为了实现最高的利润和工作效率，有必要投入一定的时间、精力和资金去培训员工，提高他们的不适管理能力，当他们在履行工作职责的过程中遭遇压力时，能够进行更好的应对。这不仅给员工带来最大的益处，还会减少员工在工作中体验到的不适感，从而大大降低企业的运营成本。医疗保险公司在这方面就走在了前面。许多保险公司鼓励企业改善员工的生活方式，如果哪家企业的员工具备较为健康的生活方式，保险公司就会给予奖励。很显然，不健康的生活方式是导致人们无法有效管理不适的一个因素。员工的生活方式越健康，他们在工作中的效率就越高，心情就越愉快。这一点是不言自明的。

在现代世界中，工作对我们提出的要求越来越严格，外界对我们

的期待越来越高，这种趋势很有可能继续存在下去。我们只有两个选择：做与不做。如果我们选择去做，就别无选择，只有培养好自己的长期管理不适的能力，毕竟，生活是一场马拉松长跑，而不是短跑。要想拥有健康、高效的生活，最好培养自己长期管理不适的能力。好消息是，现在有很多得到检验的方法能够让这一点成为现实。

我在很小的时候就痴迷于运用心理技巧去影响身体。在 13 岁时，我收到了一个盘式磁带录音机，所以那个时候我就有机会听到我唱歌时的声音。如同我这一代的很多人一样，我在少年时也对甲壳虫乐队十分痴迷，大概在 10 岁、11 岁的时候就开始弹吉他和唱歌了。但当我听到自己录在磁带上的歌声时，我震惊了，因为跑调太严重了。

后来，我在妈妈的私人图书馆里偶然遇到了一本关于自我催眠的书。我读了一下，希望能够运用催眠来训练自己，使自己唱歌不跑调。之后，我花了很长一段时间来运用催眠技巧改善自己的歌声，我取得了一些进步，但更重要的是，早期的催眠经历导致我对利用催眠影响身心产生了狂热的兴趣。不久，我开始尝试着把催眠技巧应用到体育领域，提高自己在体育活动中的表现。到 16 岁时，街区的小

伙伴们听说我对催眠很有兴趣之后，我开始为他们施行催眠术。到18岁时，我开始为大学里将要参加期末考试的学生进行催眠。直到20世纪70年代我开始读研究生时，我才正式接受催眠方面的专业训练。在读研究生期间，我第一次运用催眠技巧是帮助那些做过手术的病人。我发现，催眠技巧能够奇迹般地提高他们在手术后快速康复的能力。

当然，作为在20世纪六七十年代成长起来的人，我对探索如何改变人的意识状态以及这种改变对直觉、精神等的影响充满了好奇心。在读研究生期间，我就同几位生物反馈实验室的同学进行过这方面的实验。我们尝试着利用脑电反馈影响脑波律动，创造出阿尔法状态（即宁静、放松和深沉的半意识状态）。虽然这样会对人体产生一些有趣的影响（主要是改变人的放松程度和警觉程度），但这并没有对人的意识状态产生深刻的影响。最后，我发现催眠在改变意识状态方面的作用更加显著，而且可以改变人体的健康状况。通过催眠，人体感官对输入信息的解读与体验有可能得到改变，进而改变人体感受。我可以通过催眠让自己产生漂浮感，改变自己的视觉感知，全面改变自己的情绪状态，就像吸食鸦片类毒品之后产生的那种情绪一样。我也可以利用催眠使自己同大自然之间产生更加密切的精神联系，感觉自己能够更好地与自然界和谐共融。

这些体验不仅仅局限于我读研期间。你可能已经知道，我成年以后，在自己身上和向我求助的病人身上付出了很多时间去探索这些较高层次的意识。我知道，这些精神状态可以让人们改善直觉，获得更高层次的精神体验，比如，同自己的内心、大自然、上帝或生活中的其他力量产生更密切的协调感和融合感。

我下面会再结合自己的生活经历和在心身医学工作中的体会列举一些例子。这样做的意义就是再次向读者表明大脑的力量是多么强大。我们可以重新训练大脑来根除不健康的本能，让身体接受新的、高效的生理模式与情绪模式，帮助我们实现最佳的健康状况。通过形成一些新的大脑环路，我们就能找到通向健康与快乐的新路径。如果你仍然怀疑我所说的内容，那么我希望你可以从今天开始就尝试着运用本书提出的各种技巧，不久你便能够理解大脑和意识的力量。很多事情都是有可能实现的。

没有意义的痛苦

将得到管理的不适与没有得到管理的不适区别开来是很重要的。我从本书伊始就一直在强调这一点。我在前面提到过"没有痛苦，就没有收获"这句话，对于这句话，可以这样解读，即"杀不死我的，只会使我变得更坚强"。事实上，适度的逆境会使人变得更坚强，但过度的逆境则会把人压垮。2011 年，有一组研究人员分析了逆境的影响和价值，最后发现一些非极端的逆境会让人变得更具坚韧性和灵活性。换句话讲，一些只会引发不适的逆境则不会增强人们的坚韧性和灵活性。能否逆势而进，关键是人们是否有能力管理好不适，然后

摆脱不适。当连续不断地承受痛苦时，人们很少会从中实现成长与发展，反而会引发一种无能为力的感觉，也就是说，会导致人退步和瘫痪，而不是进步。然而，得到有效管理的逆境和不适会推动人的成长与变化。有句老话说"痛难免，苦可选"，指的就是令人不适的因素是不可避免的，但如何应对则因人而异，应对得当则可免受痛苦，反之会产生痛苦。

我坚定地认为，与舒适相比，不适给我们带来的收获更多。不适或许是最有力的催化剂，促使我们开发出自己的潜力，实现所期待的成功人生。我在前面提到过，在本书构思和写作之际，我正经历着人生的重大变故。虽然过去很多年里我一直在帮助备受不适感折磨的人，但本书真正的灵感源泉却来自我个人的经历。30多年来，我一直在创造并运用各种技巧来管理本书描述的不适，去帮助那些在困难之际允许我为其服务的病人。最近几年来，科学迅速进步，论证了这些技巧产生作用的原因和方式，表明它们能够从细胞和生化反应层面改变人体对不适因素的体验。我几乎没有想到，在我最黯淡的时光里，我帮助他人管理不适的经历竟然给自己带来了巨大价值。

直到我自己遭遇不适，我才发现日趋严重的不适竟然侵蚀了我的生命力，禁锢了我的心灵。当我感觉自己被不适情绪征服和压垮的时候，这些不适管理技巧为我摆脱黯淡时光提供了一条路径、一道亮光和一线希望。所以，我对此充满了感激。

这些不适管理技巧不仅仅在我遭遇困苦之际挽救了我的人生，而且我逐渐认识到，它们转变了我对不适因素的体验与认知模式，为我打开了一扇通向高级意识状态的大门。人们掌握了不适管理技巧之后，即便遭遇了不适，也不妨碍维系内心的安全感。这时，人们就有可能认识到不适感的真正内涵，认识到不适感会给自己带来什么。就我本人而言，直到遭遇了如此严重的不适，才能说我真正领会了痛苦与不适的真正价值。这些年来，我帮助过很多走进人生低谷的病人，我自己也经历过创伤，但只有我自己采取行动应对不适、实现平和，才算真正改变了我的人生，才推动我实现了这么多年都没有实现的重大转变，并找到了继续前行的动力。

不适如果不能得到有效处理，就无法催生有益的转变。持续不断的不适可能会让人瘫痪，让人选择逃避现实。我刚刚遭遇不适的时候，感觉就像陷入了流沙一样，缓缓地被吞噬，无法动弹。然而，随着我逐步学会了管理不适，内心就感受到了更大程度的安全感。在此之后，我也发现自己越来越能够把自己的不适感转化为对自己有利的事情。因此，我们能否利用不适感促成自身实现良性转变，关键不在于是否存在不适感，而在于我们是否能够管理好不适感。如果我们一味地去追求舒适，那么可能会引发破坏性，甚至致命性的后果。在我们的生活中，我们需要一定程度的不适，这有利于促进我们成长，促使我们增强适应能力并实现良性转变。一定程度的不适感能够让我们保持警醒，使我们意识到需要解决的问题，应该纠正的行为，以及应该制定并达成的目标。在这个世界上，当我们竭力去要求舒适、寻

找舒适时，我们的人生可能无意之间就会陷入停滞、萎缩和退化的状态。

尽管一定程度的不适是有必要的，但这毕竟会给人们带来不适感，让人产生脆弱感，所以，不适与人们的脆弱感之间具有密切联系。在《情绪的治愈力量》（*The Healing Power of Emotion*）这本书中，精神病学专家、神经科学专家丹尼尔·西格尔（Daniel Siegel）描述了为什么我们的生存会在一定程度上依赖人的脆弱感，并探讨了脆弱感如何给人带来智慧，并最终促使不同的大脑部位实现更好的协调。我们遭遇的不适感可以划分为不同的层次，同样，脆弱感也可以划分为不同的层次。有些脆弱感只能引起中等程度的不适，而有些则能引发让人窒息的不适。但其实正是在这样的时刻，人们才更有可能实现自我的转变。我们能够以无法想象的方式去拓展生活空间，在这个过程中，不适感或脆弱感或许是最有力的诱变因子。

我们对不适的忍耐能力远远超出自己的想象

经过长期观察，我发现我们很多与生俱来的能力都超出了我们的想象，尤其是我们忍耐和应对不适的能力。俄勒冈大学的保罗·斯洛维克（Paul Slovic）是风险认知领域的一位理论家和研究者。他研究的内容基本上是当面临风险时，我们如何判断风险的特征与严重性。在一项研究中，斯洛维克注意到，对于任何一项技术，人们从中看到的利益越多，则其风险感知能力就越低。今天，这一发现尤其适用于整容术和胃改道术（帮助肥胖病人的常规措施）等医疗手段。这些高科技的手术其实有很多风险，但人们往往过于注重其中的利益而顾不得风险。别人许诺的结果（比如，会让你变得更苗条、更美丽）的分量超过了手术风险（比如手术失败引发的副作用）的分量。斯洛维克的观察与我们正在讨论的"不适"这一主题具有密切关系。简单地讲，我们从不适中感知到的利益越多，不适给我们带来的恐惧就越少，我们从中感知到的风险就越少，就会将不适视为一笔值得保护的人生财富。从本质上讲，虽然不适会产生一定的负面作用，但如果得到了有效管理，却有助于我们创造更好的、更丰富多彩的生活，我们可以接纳不适，将其视为人生旅途中的一个必要元素，本书的一个重要目标就是从一种全新的视角去展现不适体验的意涵。

显然，本书还涉及我们日益萎缩的心理舒适区。但实际上，我们比自己所想的更能够忍耐不适。正如我一直在强调的那样，数千年以来，人类在繁衍生息的过程中经历了各种痛苦与磨难的考验，表现出了强大的意志力。来自斯坦福大学的薇罗妮卡·乔布（Veronika Job）团队在研究中发现，如果你认为自己的意志力是有限的，那么它就是有限的，而如果你认为自己的意志力是越来越强大的，那么你的意志力就会变得更强大，而你抵御诱惑、应对不适的能力也会随之增强。我们可以运用这一点来提高自己的不适管理能力，因为在大多数情况下，我们应对不适的能力比我们的文化教给我们的要强得多。

让下一代做好准备

你可以想象得到，向我求助的那些人之间，大部分人的生活遭遇了危机，无论是身体上的危机，还是情绪上的危机。很显然，在你具备更好的焦虑管理能力和不适忍耐能力之前，我不希望你的人生步入低谷。为了获得我所提到的不适给人们带来的益处，人们有必要经历重大的情绪波折。在我们的文化中，我们注重不断地为自己的生活增添物质上的舒适，但有一个更大的问题或许需要提一下。

如果迫不及待地创造物质上的舒适，会不会妨碍我们融入社会以及变得更加坚韧与灵活呢？会不会损害我们的长远利益呢？我想此时此刻你已经知道了这个问题的答案。事实上，这一点在我们孩子的身上就得到了体现，因为很多孩子在成长过程中享受到的物质舒适的确远远超过了上一代，但他们的焦虑水平却高于上一代。今天的孩子被家长催促着在一个又一个活动之间不停地转换，放学后急匆匆地去参加足球训练，然后还要按时回家上钢琴课，钢琴课结束后还有数学家教，临到睡觉之前还不得不完成学校里布置的家庭作业，而且由于前几项活动，做作业的时间可能会被挤占，最后在作业中结束了自己的一天。这一代孩子有空闲时间吗？这种局面导致孩子们普遍觉得自己的生活缺乏乐趣，平淡乏味，在成长过程中总是渴望自己能过上一种刺激的生活，而且注意力不足过动症的患者也达到了有史以来的最高水平，这难道有什么奇怪的吗？从临床角度来看，我在医学实践中发现，越来越多的孩子因为无法有效管理焦虑，无法抑制生存本能而患上了类似的症状和疾病。生存本能就像一个潜伏的老虎一样影响着他们的健康。我知道我的同事们也发现了这种现象。

的确，这个问题对父母们有着深刻的启发意义。父母们都具有一种内在的愿望，都希望保护自己的孩子免受伤害，免受我们这代人在儿童时代遭受的创伤。我举一个自己的例子：我女儿三四岁的时候，和她的双胞胎弟弟以及幼儿园的一个小男孩儿一起去野炊。那个小男孩儿走到我儿子和女儿的跟前说："我们去爬那座山吧。"我儿子和女儿同时站起来要和他一起去，但他对我女儿说："女孩儿不能来，只有男孩儿能来。"我的女儿怔住了，我确切地知道这对我女儿意味着什么：她平生第一次体会到了被人拒绝的滋味。我无法阻止她的想法，感觉很无助。我看到她的双颊上挂着泪珠。我试图安慰她，但这无法消除她第一次被拒绝的痛苦。我顿时感觉很伤心，很心烦，觉得自己无法保护好孩子，无法阻止外部世界给她带去失望和冷漠，感觉自己让孩子失望了。当然，这是我作为一位父亲的本能反应。

其他人也曾经写过很多关于"过度抚育"话题的文章，所谓过度抚育，指的是父母们为孩子承担了太多的责任，为孩子提供了过度的保护。我倾向于认为今天的父母存在过度抚育的问题，因为所谓抚育，不仅仅意味着教会孩子们照顾好自己，依靠自己的努力获得成功，而且意味着训练孩子去管理自己的不适。我们可以帮助孩子学着去面对不适，不要认为自己在这方面无能为力，也不能寻思着为孩

子寻找什么短期性的解决办法，要相信孩子们可以学会巧妙地控制不适，并赢取未来的成功。简单地讲，教孩子掌握住在不适面前获得安全感的能力，是父母给予孩子最伟大的礼物。

一个安全的道路在等着你

最近，在参加一个家庭聚会时，我遇到了一位非常可爱的 7 岁小男孩儿，他笑得非常好看。他的母亲很年轻，我认识她，只是多年未见了。当那个男孩儿向我投来一个短暂的微笑时，我走向他，把他抱了起来，然后举到空中，以此来表达我对他的喜爱和善意。他很快就对我说："我不喜欢这样。"于是，我立即将他放了下来。但他一站稳就对我说："这真有趣。"他又补充说："但我现在不想再这样做了。"

在我看来，这个小男孩儿的反应就是一个非常好的例子，说明了恐惧感在我们很小的时候就控制了我们的生活。如果我们没有接受过身体和心理的重新训练，那么在之后的人生中，我们不经意间就会遭到这种恐惧感的袭击。在小男孩儿这个案例中，他的反应很好地说明了当我们遭遇不适之际会发生什么事情。我们的本能反应就是说"不"，但之后我们又发现不适也有一些令人舒适的元素，而我们未来仍然会抵制不适。很多减肥者的心路历程就是这样，等他们体重降低许多、身材变好了之后，又开始怀念减肥之前的舒适，不愿意继续面对减肥给他们带来的不适，于是恢复了减肥之前那种舒适的生活方式。

我们很多人在面临不适时都会做出这种反应。在不适前，生存本能开始发挥作用，我们选择后退，下意识地阻止自己去探索和接受新的生活或工作方式，即便这些新方式能够让我们同搭档建立密切的关系，能帮助我们的事业更上一层楼，能改善我们的健康状况，或者能在更大程度上开发我们的潜力。简单地说，我们选择让我们的生存去主导我们的生活，而且有时候，我们的生活完全被生存本能控制了。

美洲印第安人和其他部族的文化都认为，作为成人礼的一部分，有必要承受严重的身体痛苦，这样才能学会承受痛苦，然后设法生存下去。这种认识是有一定道理的，因为身体伤痛无疑会让我们挑战内在的恐惧感，但在多年的临床实践中，我发现情绪上的伤痛更具挑战性。身体伤痛往往局限于身体的某一个部位，而情绪伤痛则是全面性的，没有办法将其隔离到某个具体部位。因此，不足为奇的是，当生存本能感知到潜在的精神伤害和危险之后，就会迅速行动起来保护我们。只要我们的生存本能发挥作用，保护我们免受情绪伤痛，那么我们就会做出一些原始的本能反应，比如生气、瘫痪、暴饮暴食、生病、好斗和自闭。

但是，如果我们能够忍耐较高程度的情感不适，避免生存本能遭到激发，那么我们就会发现，这的确会帮助我们探寻并开发出自己真实的潜力，迈向更高层次的意识状态，完善我们的直觉、与外界的联系以及心理状态。我们只有学会了如何在不激发生存本能的前提下处理好情绪问题，这些较高层次的意识状态才会形成。为了获得这些较高层次的体验，人的大脑和身体必须明白，无论外界给自己传输了什

么样的信息，无论这些信息会引发多大程度的不适，都能得到稳妥的处理，都不影响人的安全感。如果你没有实现安全感，那么你就无法长期稳定地维持这些高级的意识状态。

这样一来，我就涉及了不适问题的核心：事实上，在史前时期，舒适有利于人类生存，而在当前世界，不适或创伤更有利于人类生存。现在，如果人们一味地追求并满足于舒适的或自己熟悉的状态，则会带来僵化，大脑功能的发挥也会受到限制。在古代，我们努力寻求舒适的或自己熟悉的状态，因为这有利于我们生存，而今天，这种做法却会妨碍我们创造更加成功的活动与成长方式。成长体现了我们的行为与习惯，也体现了我们在生命中对不适的处理方式。

从一开始，我就在强调，不适管理或许是 21 世纪最重要的技能。无论你的目标是改善工作业绩、健康状况、人际关系还是实现更好的生活水平，如果要实现这些目标，最终你必须提高自己的不适阈值，或者说提高忍耐与管理不适的能力，少依靠生存本能去实现安全感。在 21 世纪，过度活跃的生存本能将成为我们获得健康与幸福的最大障碍，将阻止我们去探索让生活更有价值的领域。

生存本能实际上是我们内在的守门人。在茹毛饮血的史前时期，人类的动物性较为显著，经过漫长的演变，人类成为了更为高级的物种，动物性趋势弱化，但两类演变形态之间的一个重要区别就在于生存本能发挥的作用。史前时期，生存本能有利于人类防范风险，能够促进人类生存，而在现代社会，生存本能的频繁激发则妨碍生存。因此，在不适和创伤面前获得舒适感，就成了 21 世纪最重要的生存工具。一旦你学会了以这种新方式去面对不适，生存本能就会回归到它应有的位置。与生存本能相比，其他任何障碍的严峻性都低得多，而且管理起来也更加容易。

所有这些目标都在我们的能力范围之内。在前进的旅途上，处理好同"不适"这个搭档的关系，我们可以走得更远。

2011 年 4 月，也就是本书刚刚开始撰写之际，我就知道要取得成功，最终肯定要依赖团队的力量。事实证明，我的直觉是正确的。我的家人、朋友和同事都为本书付梓做出了很大贡献。因此，我对他们充满了深深的感激。很多人提出了实质性的建议和想法，但很多非实质性的贡献是同样重要、同样有意义的。

首先，我要感谢我的孩子默利亚和内森。他们是我永恒的挚爱。没有他们，我永远不会体会和领悟到无条件的爱意味着什么，也不能完全领悟到失去又意味着什么。

我还要感谢我的两位兄弟达瑞尔和丹尼斯。他们对我的生活产生了无法置信的影响，我前进的每一步，都少不了他们的帮助、力量与智慧。他们是我的支柱。

　　我要向杰夫和丽兹·克莱默这两位陈年老友表达最诚挚的感激，感谢他们的友爱、慷慨、帮助与善意。我还要深深地感谢我的好朋友约翰·米丽曼和马克·韦斯伯格。长期以来，我们建立了深厚的友谊，他们给我提供了很多真知灼见，给我带来了许多欢笑，我们还一起出去旅行，拥抱大自然。

　　我对我的搭档克里斯汀·洛贝格也充满了深深的感激。克里斯汀，你全身心地投入到这本书中，在很多方面发挥了重要作用。在本书写作初期，我时常感觉自己仿佛在沙漠中迷了路一样，找不到回家的方向，而你对本书的执着与奉献却毫不动摇。你的写作技巧、聪慧、耐心、激情、热心、积极态度以及你给予我的友爱，支撑着我一步步走下去。你对本书的润色与付梓做出了宝贵的贡献。如果没有你，我无法想象本书是否能完成。

　　本书能面世，我的文稿代理人邦妮·索洛也做出了卓越的贡献。邦妮，如果没有你坚持不懈地说服我，这本书不可能面世。感谢你为我出谋划策，不然我也不会想起来写这本书。你为本书付梓做了大量的编辑工作，提供了很多重要信息。这本书为人们寻求精神慰藉、掌握心理机能打开了多扇大门，如果没有你，我就不会开始做这个工作。

　　如果没有向卡罗琳·萨顿表示感谢，那么我的致谢就不算完整。没有她，这本书就不会由哈德孙大街出版社出版。谢谢你欣然接受并欢迎这本书，并为本书做了大量的编辑和完善工作。

　　我还要感谢出版社的文字编辑许姆·瑟里奇。她对本书的编辑付出了很多心血。我还要感谢布里特妮·罗斯，感谢你在本书最后的出版阶段提供了很多帮助。

　　最后，我要感谢亲爱的读者。感谢你们对我的工作给予的兴趣。在过去这么多年里，本书的一切技巧帮助我增强了心智，找到了精神慰藉，我真心希望本书也能帮到你。